全国一级建造师执业资格考试历年真题+冲刺试卷

水利水电工程管理与实务
历年真题+冲刺试卷

全国一级建造师执业资格考试历年真题+冲刺试卷编写委员会　编写

中国建筑工业出版社

图书在版编目（CIP）数据

水利水电工程管理与实务历年真题+冲刺试卷／全国一级建造师执业资格考试历年真题+冲刺试卷编写委员会编写．-- 北京：中国建筑工业出版社，2024.12.（全国一级建造师执业资格考试历年真题+冲刺试卷）.
ISBN 978-7-112-30706-7

Ⅰ．TV-44

中国国家版本馆 CIP 数据核字第 2024DF5169 号

责任编辑：李　璇
文字编辑：王子晗
责任校对：赵　菲

全国一级建造师执业资格考试历年真题+冲刺试卷
水利水电工程管理与实务
历年真题+冲刺试卷
全国一级建造师执业资格考试历年真题+冲刺试卷编写委员会　编写

*

中国建筑工业出版社出版、发行（北京海淀三里河路 9 号）
各地新华书店、建筑书店经销
北京鸿文瀚海文化传媒有限公司制版
北京同文印刷有限责任公司印刷

*

开本：787 毫米×1092 毫米　1/16　印张：10¾　字数：246 千字
2024 年 12 月第一版　　2024 年 12 月第一次印刷
定价：**40.00 元**（含增值服务）
ISBN 978-7-112-30706-7
（44016）

版权所有　翻印必究

如有内容及印装质量问题，请与本社读者服务中心联系
电话：（010）58337283　QQ：2885381756
（地址：北京海淀三里河路 9 号中国建筑工业出版社 604 室　邮政编码：100037）

前　言

"全国一级建造师执业资格考试历年真题+冲刺试卷"丛书是严格按照现行全国一级建造师执业资格考试大纲的要求，根据全国一级建造师执业资格考试用书，在全面锁定考纲与教材变化、准确把握考试新动向的基础上编写而成的。

本套丛书分为八个分册，分别是《建设工程经济历年真题+冲刺试卷》《建设工程项目管理历年真题+冲刺试卷》《建设工程法规及相关知识历年真题+冲刺试卷》《建筑工程管理与实务历年真题+冲刺试卷》《机电工程管理与实务历年真题+冲刺试卷》《市政公用工程管理与实务历年真题+冲刺试卷》《公路工程管理与实务历年真题+冲刺试卷》《水利水电工程管理与实务历年真题+冲刺试卷》，每分册中包含五套历年真题及三套考前冲刺试卷。

本套丛书秉承了"探寻考试命题变化轨迹"的理念，对历年考题赋予专业的讲解，全面指导应试者答题方向，悉心点拨应试者的答题技巧，从而有效突破应试者的固态思维。在习题的编排上，体现了"原创与经典"相结合的原则，着力加强"能力型、开放型、应用型和综合型"试题的开发与研究，注重与知识点所关联的考点、题型、方法的再巩固与再提高，并且题目的难易程度和形式尽量贴近真题。另外，各科目均配有一定数量的最新原创题目，以帮助考生把握最新考试动向。

本套丛书可作为考生导学、导练、导考的优秀辅导材料，能使考生举一反三、融会贯通、查漏补缺，为考生最后冲刺助一臂之力。

由于编写时间仓促，书中难免存在疏漏之处，望广大读者不吝赐教。衷心希望广大读者将建议和意见及时反馈给我们，我们将在以后的工作中予以改正。

读者如果对图书中的内容有疑问或问题，可关注微信公众号【建造师应试与执业】，与图书编辑团队直接交流。

建造师应试与执业

目 录

全国一级建造师执业资格考试答题方法及评分说明

2020—2024 年《水利水电工程管理与实务》真题分值统计

2024 年度全国一级建造师执业资格考试《水利水电工程管理与实务》真题及解析

2023 年度全国一级建造师执业资格考试《水利水电工程管理与实务》真题及解析

2022 年度全国一级建造师执业资格考试《水利水电工程管理与实务》真题及解析

2021 年度全国一级建造师执业资格考试《水利水电工程管理与实务》真题及解析

2020 年度全国一级建造师执业资格考试《水利水电工程管理与实务》真题及解析

《水利水电工程管理与实务》考前冲刺试卷（一）及解析

《水利水电工程管理与实务》考前冲刺试卷（二）及解析

《水利水电工程管理与实务》考前冲刺试卷（三）及解析

全国一级建造师执业资格考试答题方法及评分说明

全国一级建造师执业资格考试设《建设工程经济》《建设工程项目管理》《建设工程法规及相关知识》三个公共必考科目和《专业工程管理与实务》十个专业选考科目（专业科目包括建筑工程、公路工程、铁路工程、民航机场工程、港口与航道工程、水利水电工程、矿业工程、机电工程、市政公用工程和通信与广电工程）。

《建设工程经济》《建设工程项目管理》《建设工程法规及相关知识》三个科目的考试试题为客观题。《专业工程管理与实务》科目的考试试题包括客观题和主观题。

一、客观题答题方法及评分说明

1. 客观题答题方法

客观题题型包括单项选择题和多项选择题。对于单项选择题来说，备选项有4个，选对得分，选错不得分也不扣分，建议考生宁可错选，不可不选。对于多项选择题来说，备选项有5个，在没有把握的情况下，建议考生宁可少选，不可多选。

在答题时，可采取下列方法：

（1）直接法。这是解常规的客观题所采用的方法，就是考生选择认为一定正确的选项。

（2）排除法。如果正确选项不能直接选出，应首先排除明显不全面、不完整或不正确的选项，正确的选项几乎是直接来自于考试教材或者法律法规，其余的干扰选项要靠命题者自己去设计，考生要尽可能多排除一些干扰选项，这样就可以提高选择出正确答案的概率。

（3）比较法。直接把各备选项加以比较，并分析它们之间的不同点，集中考虑正确答案和错误答案关键所在。仔细考虑各个备选项之间的关系。不要盲目选择那些看起来、读起来很有吸引力的错误选项，要去误求正、去伪存真。

（4）推测法。利用上下文推测词义。有些试题要从句子中的结构及语法知识推测入手，配合考生自己平时积累的常识来判断其义，推测出逻辑的条件和结论，以期将正确的选项准确地选出。

2. 客观题评分说明

客观题部分采用机读评卷，必须使用2B铅笔在答题卡上作答，考生在答题时要严格按照要求，在有效区域内作答，超出区域作答无效。每个单项选择题只有1个备选项最符合题意，就是4选1。每个多项选择题有2个或2个以上备选项符合题意，至少有1个错项，就是5选2~4，并且错选本题不得分，少选，所选的每个选项得0.5分。考生在涂卡时应注意答题卡上的选项是横排还是竖排，不要涂错位置。涂卡应清晰、厚实、完整，保持答题卡干净整洁，涂卡时应完整覆盖且不超出涂卡区域。修改答案时要先用橡皮擦将原涂卡处擦干净，再涂新答案，避免在机读评卷时产生干扰。

二、主观题答题方法及评分说明

1. 主观题答题方法

主观题题型是实务操作和案例分析题。实务操作和案例分析题是通过背景资料阐述一个项目在实施过程中所开展的相应工作，根据这些具体的工作提出若干小问题。

实务操作和案例分析题的提问方式及作答方法如下：

（1）补充内容型。一般应按照教材将背景资料中未给出的内容都回答出来。

（2）判断改错型。首先应在背景资料中找出问题并判断是否正确，其次结合教材、相关规范进行改正。需要注意的是，考生在答题时，有时不能按照工作中的实际做法来回答问题，因为根据实际做法作为答题依据得出的答案和标准答案之间存在很大差距，即使答了很多，得分也很低。

（3）判断分析型。这类型题不仅要求考生答出分析的结果，还需要通过分析背景资料来找出问题的突破口。需要注意的是，考生在答题时要针对问题作答。

（4）图表表达型。结合工程图及相关资料表回答图中构造名称、资料表中缺项内容。需要注意的是，关键词表述要准确，避免画蛇添足。

（5）分析计算型。充分利用相关公式、图表和考点的内容，计算题目要求的数据或结果。最好能写出关键的计算步骤，并注意计算结果是否有保留小数点的要求。

（6）简单论答型。这类型题主要考查考生记忆能力，一般情节简单、内容覆盖面较小。考生在回答这类型题时要直截了当，有什么答什么，不必展开论述。

（7）综合分析型。这类型题比较复杂，内容往往涉及不同的知识点，要求回答的问题较多，难度很大，也是考生容易失分的地方。要求考生具有一定的理论水平和实际经验，对教材知识点要熟练掌握。

2. 主观题评分说明

主观题部分评分是采取网上评分的方法来进行，为了防止出现评卷人的评分宽严度差异对不同考生产生影响，每个评卷人员只评一道题的分数。每份试卷的每道题均由2位评卷人员分别独立评分，如果2人的评分结果相同或很相近（这种情况比例很大）就按2人的平均分为准。如果2人的评分差异较大超过4~5分（出现这种情况的概率很小），就由评分专家再独立评分一次，然后用专家所评的分数和与专家评分接近的那个分数的平均分数为准。

主观题部分评分标准一般以准确性、完整性、分析步骤、计算过程、关键问题的判别方法、概念原理的运用等为判别核心。标准一般按要点给分，只要答出要点基本含义一般就会给分，不恰当的错误语句和文字一般不扣分，要点分值最小一般为0.5分。

主观题部分作答时必须使用黑色墨水笔书写作答，不得使用其他颜色的钢笔、铅笔、签字笔和圆珠笔。作答时字迹要工整、版面要清晰。因此书写不能离密封线太近，密封后评卷人不容易看到；书写的字不能太粗太密太乱，最好买支极细笔，字体稍微书写大点、工整点，这样看起来工整、清晰，评卷人也愿意多给分。

主观题部分作答应避免答非所问，因此考生在考试时要答对得分点，答出一个得分点就给分，说得不完全一致，也会给分，多答不会给分的，只会按点给分。不明确用到什么规范的情况就用"强制性条文"或者"有关法规"代替，在回答问题时，只要有可能，就在答题的内容前加上这样一句话："根据有关法规或根据强制性条文"，通常这些是得分点之一。

主观题部分作答应言简意赅，并多使用背景资料中给出的专业术语。考生在考试时应相信第一感觉，很多考生在涂改答案过程中往往把原来对的改成错的，这种情形很多。在确定完全答对时，就不要展开论述，也不要写多余的话，能用尽量少的文字表达出正确的意思就好，这样评卷人看得舒服，考生也能省时间。如果答题时发现错误，不得使用涂改液等修改，应用笔画个框圈起来，打个×即可，然后再找一块干净的地方重新书写。

2020—2024年《水利水电工程管理与实务》真题分值统计

命题点			题型	2020年(分)	2021年(分)	2022年(分)	2023年(分)	2024年(分)
第1篇 水利水电工程技术	第1章 水利水电工程勘测与设计	1.1 水利水电工程勘测	单项选择题	1		1	1	2
			多项选择题		2			2
			实务操作和案例分析题		8			
		1.2 水利水电工程设计	单项选择题	3	4	5	1	7
			多项选择题	6		4	4	6
			实务操作和案例分析题			6	8	2
	第2章 水利水电工程施工水流控制与基础处理	2.1 施工导流与截流	单项选择题					
			多项选择题		2			
			实务操作和案例分析题				3	2
		2.2 导流建筑物及基坑排水	单项选择题		1			
			多项选择题					
			实务操作和案例分析题	9		9		
		2.3 地基处理工程	单项选择题		1	1	1	1
			多项选择题				2	
			实务操作和案例分析题		4	6		6
	第3章 土石方与土石坝工程	3.1 土石方工程	单项选择题	2			1	
			多项选择题	2				
			实务操作和案例分析题	7		7	15	10
		3.2 土石坝施工技术	单项选择题	1	1			
			多项选择题		2			
			实务操作和案例分析题			6	9	6
		3.3 面板堆石坝施工技术	单项选择题			1	1	
			多项选择题			2		
			实务操作和案例分析题	4	20		5	5
	第4章 混凝土与混凝土坝工程	4.1 混凝土的生产与浇筑	单项选择题		1	1		
			多项选择题		2			
			实务操作和案例分析题	16				
		4.2 模板与钢筋	单项选择题		1		1	1
			多项选择题	2		2		
			实务操作和案例分析题	9			11	
		4.3 混凝土坝的施工技术	单项选择题					
			多项选择题					
			实务操作和案例分析题					
		4.4 碾压混凝土的施工技术	单项选择题	1			1	
			多项选择题				2	2
			实务操作和案例分析题			7		

续表

命题点			题型	2020年（分）	2021年（分）	2022年（分）	2023年（分）	2024年（分）
第1篇 水利水电工程技术	第5章 堤防与河湖疏浚工程	5.1 堤防工程施工技术	单项选择题					
			多项选择题			2		
			实务操作和案例分析题			4		5
		5.2 河湖疏浚工程施工技术	单项选择题		2			1
			多项选择题					
			实务操作和案例分析题			6		
	第6章 水闸、泵站与水电站工程	6.1 水闸施工技术	单项选择题					1
			多项选择题			2		
			实务操作和案例分析题			8	8	13
		6.2 泵站与水电站的布置及机组安装	单项选择题			1	1	
			多项选择题					2
			实务操作和案例分析题			5		
第2篇 水利水电工程相关法规与标准	第7章 相关法规	7.1 水法与工程建设有关的规定	单项选择题					
			多项选择题			2	2	
			实务操作和案例分析题					
		7.2 防洪的有关法律规定	单项选择题		1			1
			多项选择题					
			实务操作和案例分析题					
		7.3 水土保持的有关法律规定	单项选择题					
			多项选择题		2			
			实务操作和案例分析题					
		7.4 大中型水利水电工程建设征地补偿和移民安置的有关规定	单项选择题				1	
			多项选择题			2		
			实务操作和案例分析题					
	第8章 相关标准	8.1 工程建设标准体系	单项选择题				1	1
			多项选择题					
			实务操作和案例分析题					
		8.2 与施工相关的标准	单项选择题	2	1	1	1	
			多项选择题				2	
			实务操作和案例分析题		24	2	2	6
第3篇 水利水电工程项目管理实务	第9章 水利水电工程企业资质与施工组织	9.1 水利水电工程企业资质	单项选择题					2
			多项选择题					
			实务操作和案例分析题					
		9.2 施工组织设计	单项选择题				1	
			多项选择题					
			实务操作和案例分析题	29	6	15	10	14
		9.3 建设项目管理有关要求	单项选择题	2	1	2	2	
			多项选择题	2	2		4	4
			实务操作和案例分析题					
		9.4 建设监理	单项选择题	1	2	1		1
			多项选择题				2	
			实务操作和案例分析题			5		

续表

命题点			题型	2020年（分）	2021年（分）	2022年（分）	2023年（分）	2024年（分）
第3篇 水利水电工程项目管理实务	第10章 工程招标投标与合同管理	10.1 工程招标投标	单项选择题		1	1		
			多项选择题					
			实务操作和案例分析题	20	19	25	15	3
		10.2 工程合同管理	单项选择题	1		1		
			多项选择题	2				
			实务操作和案例分析题			7		27
	第11章 施工进度管理	11.1 工程建设程序	单项选择题	1			2	
			多项选择题		2		2	
			实务操作和案例分析题					
		11.2 水利工程验收	单项选择题		1	1		
			多项选择题	2		2		
			实务操作和案例分析题	7	4	4	10	4
		11.3 水力发电工程验收	单项选择题					
			多项选择题					2
			实务操作和案例分析题					
	第12章 施工质量管理	12.1 水利水电工程质量职责与事故处理	单项选择题	1		2	2	
			多项选择题	2	4	2		2
			实务操作和案例分析题					4
		12.2 施工质量检验	单项选择题	1				
			多项选择题					
			实务操作和案例分析题	4	8	4	11	4
	第13章 施工成本管理	13.1 水利水电工程概预算	单项选择题					
			多项选择题					
			实务操作和案例分析题	3				
		13.2 阶段成本控制	单项选择题		1			
			多项选择题				2	
			实务操作和案例分析题	12				
	第14章 施工安全管理	14.1 水利水电工程建设安全生产职责	单项选择题	1		1	1	
			多项选择题					
			实务操作和案例分析题					4
		14.2 水利水电工程建设风险管控	单项选择题	1		1	2	1
			多项选择题				2	
			实务操作和案例分析题		12	6	16	1
	第15章 绿色建造及施工现场环境管理	15.1 绿色建造	单项选择题					1
			多项选择题					
			实务操作和案例分析题					2
		15.2 施工现场环境管理	单项选择题					
			多项选择题					
			实务操作和案例分析题					2
合计			单项选择题	20	20	20	20	20
			多项选择题	20	20	20	20	20
			实务操作和案例分析题	120	120	120	120	120

2024年度全国一级建造师执业资格考试

《水利水电工程管理与实务》

真题及解析

微信扫一扫
查看本年真题解析课

2024 年度《水利水电工程管理与实务》真题

一、单项选择题（共 20 题，每题 1 分。每题的备选项中，只有 1 个最符合题意）

1. 水利工程施工常用的水准仪，按精度不同划分为（　　）个等级。
   A. 2　　　　　　　　　　　　B. 3
   C. 4　　　　　　　　　　　　D. 5

2. 地质构造中的背斜属于（　　）。
   A. 倾斜构造　　　　　　　　　B. 水平构造
   C. 褶皱构造　　　　　　　　　D. 断裂构造

3. 水库遇大坝的设计洪水时，在坝前达到的最高水位称为（　　）。
   A. 防洪限制水位　　　　　　　B. 设计洪水位
   C. 正常高水位　　　　　　　　D. 防洪高水位

4. 水库的总库容是指（　　）。
   A. 最高洪水位以上的静库容　　　B. 设计洪水位以下的静库容
   C. 防洪限制水位以下的静库容　　D. 防洪高水位以下的静库容

5. 除快硬水泥以外，其他水泥存储超过（　　）个月应复试其各项指标。
   A. 0.5　　　　　　　　　　　B. 1
   C. 2　　　　　　　　　　　　D. 3

6. 某混凝土坝上下游作用水头静水压力分布图如图 1 所示，则上游坝面单位宽度作用面上的静水压力为（　　）kN（水的重度取 9.80kN/m³）。

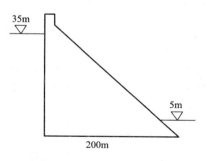

图 1　静水压力分布图

1

A. 4410.0　　　　　　　　　　　　B. 5880.0
C. 6002.5　　　　　　　　　　　　D. 12005.0

7. 关于坝底浮托力和渗透压力的说法，正确的是（　　）。
A. 浮托力是由上游水深形成的，渗透压力是由上下游水位差形成的
B. 浮托力是由下游水深形成的，渗透压力是由上下游水位差形成的
C. 浮托力是由上下游水位差形成的，渗透压力是由上游水深形成的
D. 浮托力是由上下游水位差形成的，渗透压力是由下游水深形成的

8. 在渗流作用下，黏性土土体发生隆起、断裂和浮动的现象，称为（　　）。
A. 管涌　　　　　　　　　　　　B. 流土
C. 接触冲刷　　　　　　　　　　D. 接触流失

9. 利用泄水建筑物鼻坎将下泄的高速水流至下游水面，在主流与河床之间形成巨大底部旋滚的消能方式称为（　　）。
A. 底流消能　　　　　　　　　　B. 挑流消能
C. 面流消能　　　　　　　　　　D. 消力戽消能

10. 以提高岩体的整体性和抗变形能力为目的的灌浆技术称为（　　）。
A. 帷幕灌浆　　　　　　　　　　B. 接触灌浆
C. 回填灌浆　　　　　　　　　　D. 固结灌浆

11. 钢筋采用绑扎连接时，钢筋搭接处，应用绑丝扎牢，绑扎不少于（　　）道。
A. 2　　　　　　　　　　　　　　B. 3
C. 4　　　　　　　　　　　　　　D. 5

12. 河道水下疏浚工程施工，断面中心线偏移不应大于（　　）m。
A. 1.0　　　　　　　　　　　　　B. 2.0
C. 3.0　　　　　　　　　　　　　D. 5.0

13. 型号为 QP-2×250-9/2 的启闭机类型是（　　）。
A. 卷扬式启闭机　　　　　　　　B. 螺杆式启闭机
C. 液压式启闭机　　　　　　　　D. 轮盘式启闭机

14. 根据《水利部关于进一步做好在建水利工程安全度汛工作的通知》（水建设〔2022〕99号），在建工程超标准洪水应急预案应于每年主汛期前（　　）编制完成。
A. 10d　　　　　　　　　　　　　B. 20d
C. 1个月　　　　　　　　　　　　D. 45d

15. 关于工程建设标准的说法，正确的是（　　）。
A. 国家技术标准分为四个层次
B. 国家工程建设标准分为两个类别
C. 水利行业标准分为四个层次
D. 企业技术标准分为三个层次

16. 按照水力发电建设项目设计规模划分标准，大型项目的单机容量至少为（　　）MW。
A. 100　　　　　　　　　　　　　B. 150
C. 200　　　　　　　　　　　　　D. 250

17. 关于水利水电工程施工企业资质的说法，正确的是（　　）。

A. 电力工程施工总承包三级资质企业可承担20万kW以下发电工程施工
B. 水利水电工程施工总承包一级资质企业可承担各类型水利工程施工
C. 水利水电工程施工总承包三级资质企业可承担坝高70m大坝施工
D. 隧道工程专业承包二级资质企业可承担断面为80m^{2}隧道施工

18. 监理机构对承包人的检验结果进行复核，正确的做法是（　　）。
A. 跟踪检测时，土方试样不应少于承包人检测数量的5%
B. 跟踪检测时，混凝土试样不应少于承包人检测数量的5%
C. 平行检测时，混凝土试样不应少于承包人检测数量的5%
D. 平行检测时，土方试样不应少于承包人检测数量的5%

19. 施工项目部应急预案体系由（　　）构成。
A. 整体应急预案、专项应急预案、现场处置方案
B. 综合应急预案、特种应急预案、现场处置方案
C. 综合应急预案、专项应急预案、现场处置预案
D. 综合应急预案、专项应急预案、现场处置方案

20. 下列废弃物处理方式中，属于对危险废弃物处理的是（　　）。
A. 先拦后弃　　　　　　　　　B. 分类清理
C. 焚烧处理　　　　　　　　　D. 回收利用

二、多项选择题（共10题，每题2分。每题的备选项中，有2个或2个以上符合题意，至少有1个错项。错选，本题不得分；少选，所选的每个选项得0.5分）

21. 下列地层中，适合采用管井井点降水的地基条件有（　　）。
A. 黏土、粉质黏土地层
B. 基坑边坡不稳，易产生流土、流砂的地层
C. 地下水位埋藏小于6.0m的粉土地层
D. 第四系含水层厚度大于5.0m的地层
E. 含水层渗透系数大于1.0m/d的地层

22. 关于建筑物洪水标准的说法，正确的有（　　）。
A. 洪水标准是指为维护建筑物自身安全所需要防御的洪水大小
B. 建筑物的洪水标准应按山区、丘陵区与平原、滨海区分别确定
C. 建筑物的洪水标准是指维护其保护对象安全所需要防御的洪水大小
D. 穿堤建筑物的洪水标准应不低于堤防的洪水标准
E. 水库挡水建筑物采用土石坝和混凝土坝混合坝型时，其洪水标准应采用土石坝的洪水标准

23. 下列外加剂中，可以改善混凝土和易性的有（　　）。
A. 早强剂　　　　　　　　　B. 减水剂
C. 引气剂　　　　　　　　　D. 缓凝剂
E. 泵送剂

24. 关于混凝土拌和及原材料检测的说法，正确的有（　　）。
A. 拌和混凝土时，水泥称重允许偏差为±1%
B. 在拌合机口应进行混凝土坍落度检测，抽样频次为1次/2h
C. 常态纤维混凝土抗压强度试件采用边长300mm立方体

D. 混凝土的混合材料包括粉煤灰

E. 在仓库，水泥安定性抽样频次为1次/（20~50）t

25. 关于碾压混凝土坝的常态混凝土和碾压混凝土结合部位压实控制与要求的说法，正确的有（　　）。

A. 应先碾压后常态

B. 应先常态后碾压

C. 两种混凝土应同步入仓

D. 必须对两种混凝土结合部重新碾压

E. 应对常态混凝土掺加高效缓凝剂

26. 水电站典型布置形式主要分为（　　）。

A. 坝式水电站　　　　　　　B. 液压式水电站

C. 河床式水电站　　　　　　D. 引水式水电站

E. 廊桥式水电站

27. 关于水利工程建设管理的说法，正确的有（　　）。

A. 水利工程建设程序划分包括项目规划阶段

B. 监理日志可作为蓄水安全鉴定依据

C. 项目法人负责办理开工备案手续

D. 项目法人组织施工图设计审查工作

E. 供水PPP项目可采取政府保底承诺模式

28. 根据水利建设市场的主体信用管理有关规定，可不予公开的不良行为记录信息有（　　）。

A. 责令整改　　　　　　　　B. 停工整改

C. 约谈　　　　　　　　　　D. 罚款

E. 通报批评

29. 根据《水电工程验收管理办法》（国能新能〔2015〕426号），水电工程验收分为（　　）。

A. 单位工程验收　　　　　　B. 合同工程完工验收

C. 阶段验收　　　　　　　　D. 竣工技术验收

E. 竣工验收

30. 工程质量检测单位在检测过程中发现（　　）单位违反工程建设强制性标准的，应及时报告委托方和具有管辖权的水行政主管部门或者流域管理机构。

A. 监理单位　　　　　　　　B. 设计单位

C. 施工单位　　　　　　　　D. 勘察单位

E. 质量监督机构

三、实务操作和案例分析题（共5题，（一）、（二）、（三）题各20分，（四）、（五）题各30分）

（一）

背景资料：

某水利枢纽工程，建设内容包括面板堆石坝（面板堆石坝坝体分区施工示意图如图2

所示)、泄洪闸、发电厂房等。其中泄洪闸为3孔,每孔净宽8m,闸底板顶面高程32.0m,闸墩顶高程39.0m,闸墩顶以上布置排架、启闭机房、交通桥等。

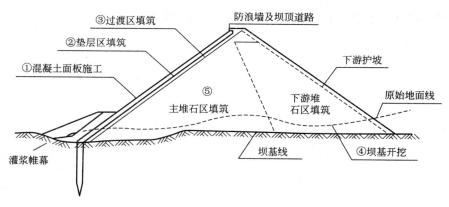

图2 面板堆石坝坝体分区施工示意图

施工过程中发生如下事件：

事件1：泄洪闸施工期间，施工单位在交通桥现浇混凝土梁板强度达到设计强度的70%时，拆除了桥面板承重脚手架及模板，随即安排一辆起重机在交通桥上进行启动设备吊装作业，桥面发生垮塌，造成起重机、工程设备及1名操作人员直接从交通桥面坠落到闸底板，操作人员当场死亡，直接经济损失1100万元。

事件2：项目所在地水行政主管部门按照"管行业必须管安全"等原则进行安全监管。

事件3：混凝土面板某分部工程所含65个单元工程，其中关键部位单元工程30个，单元工程施工质量验收评定情况为：65个单元工程全部合格，其中46个达到优良等级，关键部位单元工程有28个达到优良等级。

事件4：发电厂房施工过程中，生产性噪声声级卫生限值规定，详见表1，对水轮机蜗壳层混凝土作业仓面施工人员持续工作1~8h各区段的生产性噪声声级卫生值进行了检测，言实测值均在噪声声级限值内。

表1 生产性噪声声级卫生限值

日接触噪声时间(h)	卫生限值[DB(A)]
8	85
B	C
2	91
1	D

问题：

1. 事件1中，桥面板的拆模时机是否正确？说明理由。根据《水利部生产安全事故应急预案》（水监督〔2021〕391号），判断本工程生产安全事故等级。

2. 事件2中，水行政主管部门安全监管原则，除"管行业必须管安全"外，还应包括哪些原则？

3. 根据背景资料列出面板堆石坝①~⑤各分区的先后施工顺序（可用序号表示）。

4. 计算事件 3 中所含单元工程的优良率，并判断该分部工程中单元工程优良率是否达到优良标准。

5. 根据事件 4，指出表 1 中 B、C、D 分别代表的数值。

（二）

背景资料：

某河道治理工程包括切滩、混凝土护岸、河岸景观、河道清淤及污水管道清淤等。发包人（项目法人）与承包人依据《水利水电工程标准施工招标文件》（2009年版）签订了施工合同。合同约定：签约合同价为2850万元，工程预付款为签约合同价的10%，采用的工程预付款的扣回与还清公式是：$R = \dfrac{A}{(F_2 - F_1)S}(C - F_1 S)$，其中 F_1 取20%，F_2 取80%，承包人按合同约定向发包人提交了履约保函。承包人将工程划分为A、B两个区段施工，编制并经监理机构批准的河道治理工程施工进度计划如图3所示。

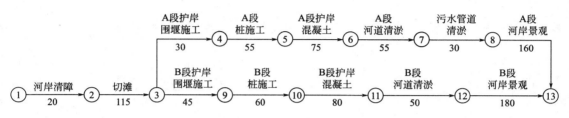

图3 河道治理工程施工进度计划（单位：d）

工程实施过程中发生如下事件：

事件1：承包人完成开工前准备工作后，编制并向监理机构报送了开工报审表，所附的开工申请报告内容包括按合同进度计划正常施工所需的施工道路、施工人员落实情况等。监理机构批准后，工程如期开工。

事件2：监理机构第295天末检查施工进度情况的结果：A、B段护岸混凝土两项工作分别完成各自合同工程量的80%、56.25%，经比较分析认为这两项工作实际进度延误将影响工期，要求承包人采取赶工措施，保证工程按期完成。承包人在不改变施工进度计划中各项工作的逻辑关系，且A、B段护岸混凝土两项工作剩余合同工程量按原施工进度计划平均速度施工的条件下，编制了赶工时间及费用表详见表2，据此修订了施工进度计划。

表2 赶工时间及费用表

工作名称	原持续时间(d)	最短持续时间(d)	单位时间赶工费用(万元)	调整后持续时间(d)
A段河道清淤	55	50	1.8	T1
污水管道清淤	30	—	—	30
A段河岸景观	160	150	2.0	T2
B段河道清淤	50	44	1.8	T3
B段河岸景观	180	170	2.3	T4

事件3：截至第15个月底，合同累计完成金额2034万元。第16个月经监理机构确认的已实施合同工程的价款为258万元，变更金额为12万元，索赔金额为5万元。承包人向监理机构提交了第16个月的进度付款申请。

事件4：合同工程完成后，承包人对照合同工程完工验收应具备的条件进行自检。自检内容包括合同范围内的工程项目已按合同约定完成、工程质量缺陷已按要求进行处理、观测仪器和设备已测得初始值及施工期各项观测值等，确定已具备完工验收条件，承包人向发包人提交完工验收申请报告。

问题：

1. 除事件1所列内容外，开工申请报告还应包括哪些内容？

2. 事件2中，分别指出A、B段护岸混凝土两项工作实际进度比计划进度延误了多少天？按费用增加最少原则，分别指出表2中T1、T2、T3、T4所对应的天数。

3. 根据事件3，指出工程预付款扣回与还清公式中 A、S 所对应的数值及 C 的含义。分别计算第16个月工程预付款扣回金额，发包人应支付给承包人的工程进度款金额。

4. 除事件4所列内容外，合同工程完工验收条件还应包括哪些内容？

（三）

背景资料：

某大型水库枢纽工程初步设计已经批复，征地、移民等相关工作已经落实，主体工程具备施工招标条件。发包人依据《水利水电工程标准施工招标文件》（2009年版）编制了工程招标文件，施工招标完成后，发包人与施工总承包单位签订了施工总承包合同。工程实施过程中发生如下事件：

事件1：施工总承包单位项目部配备了劳资专管员，对分包单位劳动用工进行监督管理。

事件2：工程施工过程中，水行政主管部门组织开展了工程施工转包、违法分包、出借借用资质等违法行为专项监督检查，并依据《水利工程施工转包违法分包等违法行为认定查处管理暂行办法》（水建管〔2016〕420号）填写了违法行为认定表，其中部分内容详见表3。

表3 违法行为认定表

序号	违法情形	违法行为认定
1	承包单位将工程分包给不具备安全生产许可证的单位	A
2	投标人法定代表人的授权代表人不是投标单位人员	B
3	承包单位不履行管理义务，只向实际施工单位收取管理费	C
4	承包单位将主要建筑物的主体结构工程分包	D
5	承包单位派驻施工现场的主要管理人员中，部分人员不是本单位人员	E
6	工程分包单位将其承包的工程中非劳务作业部分再次分包	违法分包

事件3：合同工程完工验收后，发包人预留工程价款结算总额的5%作为工程质量保证金。

事件4：工程质量保修期满时，施工总承包单位尚有部分缺陷责任没有完成，发包人依据有关规定采取了相应措施。

问题：

1. 根据水利工程施工招标投标相关管理规定，除背景资料所述条件外，主体工程施工招标还应具备哪些条件？
2. 事件1中，根据《保障农民工工资支付条例》，劳资专管员在监督管理过程中应掌握什么情况？审核什么表？
3. 根据事件2，指出表3中A、B、C、D、E所认定的违法行为名称。
4. 根据《住房城乡建设部 财政部关于印发建设工程质量保证金管理办法的通知》（建质〔2017〕138号），指出并改正事件3中质量保证金预留的不妥之处。
5. 事件4中，发包人可采取的具体措施有哪些？

（四）

背景资料：

某中型水库工程位于山区，大坝为土石坝，河道呈V形峡谷，坝址河床宽40m，枯水期流量20m³/s，施工期采用隧洞作为泄水建筑物。施工过程中发生如下事件：

事件1：经过试验比选，大坝填筑料采用含砾黏性土，其击实最大干密度为1.72g/cm³，压实度为97%。坝体填筑采用自卸汽车进占法铺料，采用分段流水作业，各工段的施工程序为卸料、铺料（整平）、洒水、压实（刨毛）和质量检验等工序。作业期间施工单位检查了坝面的铺土厚度、含水率等项目。

事件2：根据地质勘察报告，以围岩的岩石强度、结构面状态等因素之和的围岩总评分 T 为依据，以围岩强度应力比 S 为参考，进行了导流隧洞的工程地质分类，并提出了拟采用的隧洞支护类型：①喷混凝土；②系统锚杆；③系统锚杆加钢筋网；④钢构架。隧洞围岩分类及支护类型详见表4。

表4　隧洞围岩分类及支护类型

围岩类别	围岩总评分 T	围岩强度应力 S	支护类型
A	60	3.5	C+D
B	20		E+F+G

事件3：在坝肩削坡过程中，发生了滑坡责任事故，没有人员伤亡，但造成直接经济损失约100万元。水行政主管部门组织调查组进行调查，调查组根据《水利工程责任单位责任人质量终身责任追究管理办法（试行）》（水监督〔2021〕335号），建议对施工单位罚款20万元，并按照施工单位罚款额的上限比例对项目经理进行顶格罚款。

事件4：施工单位组织开展绿色施工示范工程建设，根据《电力建设绿色施工专项评价办法》，明确了"四节一环保"的控制指标，制定了固体废弃物的处置措施，包括将工程弃渣料用于临时道路填筑，减少弃渣量；对钢筋废料进行回收利用等。

问题：

1. 根据背景资料，指出该工程大坝和围堰建筑物的级别，提出适用于本工程的基本施工导流方式。

2. 根据事件1，列式计算土料的设计干密度（计算结果保留小数点后2位）。指出进占法铺料的施工优点及流水作业需要的专业施工班组数量；同一工段流水作业的要求是什么？除所述检查项目外，作业期间还应检查哪些项目？

3. 根据事件2，指出表4中A、B代表的围岩类别及C、D、E、F、G代表的支护类型（可用序号表示，可重复选用）。围岩总评分，除所述因素外还应考虑哪些因素？

4. 根据《水利工程质量事故处理暂行规定》（水利部令第9号），判定事件3中的质量事故类别；除罚款外，还可采用哪种方式对项目经理进行责任追究？指出对项目经理顶格罚款的比例，并计算罚款金额。

5. 根据事件4，指出"四节一环保"中"四节"的内容。将工程弃渣料用于道路填筑和钢筋废料回收利用两项措施分别符合固体废弃物处置的哪项要求？

（五）

背景资料：

某新建防洪工程由水闸、堤防等组成，水闸剖面示意图如图4所示。堤防施工内容主要包括堤防填筑、混凝土护坡、堤顶混凝土路面等。

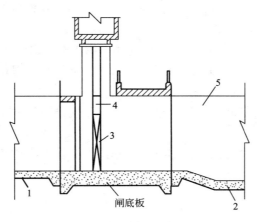

图4 水闸剖面示意图

施工过程中发生如下事件：

事件1：施工现场设置了混凝土生产拌合系统，每小时生产能力为60m³，根据施工组织设计，高峰月混凝土浇筑量为19000m³，月有效生产时间按500h计，不均匀系数按1.5考虑。本工程水闸底板（尺寸：20m×25m×2m）为最大浇筑仓面，分5层浇筑，混凝土初凝时间为4h，混凝土出机后到浇筑入仓时间为1h。

事件2：水闸防渗采用帷幕灌浆。帷幕为单排孔，分三序施工，其施工工序如图5所示。

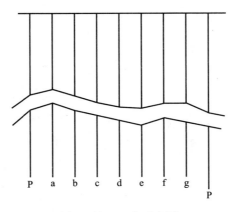

图5 施工工序示意图

事件3：水闸底板之间以及闸底板与铺盖之间设置紫铜片和橡胶片双道止水片，在浇筑水闸底板混凝土时，监理工程师要求振捣器不得触及止水片。

事件4：启闭机在制作安装过程中进行了空运转和动载等试验。

事件5：堤防填筑前将堤基范围内的淤泥、腐殖土、泥炭、不合格土及杂草、树根等清除干净；堤基清理过程中发生了冻结现象，对明显冰夹层、冻胀现象进行了处理。

问题：

1. 根据背景资料，指出图4中1、2、3、4、5分别代表的部位名称。
2. 事件1中，按月高峰强度计算并按最大浇筑仓面入仓强度要求进行校核，混凝土生产系统小时生产能力是否满足要求？
3. 根据事件2，图5中a、b、c、e、f、g哪些属于第二次序孔？哪些属于第三次序孔？
4. 事件3中，除监理工程师已经明确的要求外，浇筑止水缝部位的混凝土还应注意哪些事项？
5. 事件4中，除空运转和动载试验外，启闭机还应进行哪些试验？指出动载试验的主要目的。
6. 事件5中，堤基清理范围包括哪些？堤基清理要求除事件5所述内容外还应包括哪些内容？

2024年度真题参考答案及解析

一、单项选择题

1. C；　　2. C；　　3. B；　　4. A；　　5. D；
6. C；　　7. B；　　8. B；　　9. C；　　10. D；
11. B；　12. A；　13. A；　14. C；　15. B；
16. D；　17. B；　18. D；　19. C；　20. C。

【解析】

1. C。本题考核的是水准仪分类。水准仪按精度不同划分为 4 个等级，分为普通水准仪（DS3、DS10）和精密水准仪（DS05、DS1）。

2. C。本题考核的是地质构造类型。地质构造按构造形态分为倾斜构造、褶皱构造和断裂构造三种类型。（1）经构造变动，水平状态岩层与水平面成一定角度的倾斜岩层，称为倾斜构造。当这种变形极微弱时，岩层往往保留了原始的水平状态，也称为水平构造。（2）褶皱构造是指组成地壳的岩层受构造力作用，使岩层形成一系列波状弯曲而未丧失其连续性的构造，其基本类型包括背斜和向斜两种。（3）断裂构造指岩层在构造应力作用下，岩层沿着一定方向产生机械破裂，失去连续性和完整性，可分为节理、劈理、断层三类。

3. B。本题考核的是水库特征水位。设计洪水位指水库遇大坝的设计洪水时，在坝前达到的最高水位。防洪限制水位（汛前限制水位）指水库在汛期允许兴利的上限水位，也是水库汛期防洪运用时的起调水位。正常蓄水位（正常高水位、设计蓄水位、兴利水位）指水库在正常运用的情况下，为满足设计的兴利要求在供水期开始时应蓄到的最高水位。）防洪高水位指水库遇下游保护对象的设计洪水时，在坝前达到的最高水位。

4. A。本题考核的是水库特征库容。静库容指坝前某一特征水位水平面以下的水库容积。总库容指最高洪水位以下的水库静库容。防洪库容指防洪高水位至防洪限制水位之间的水库容积。调洪库容指校核洪水位至防洪限制水位之间的水库容积。兴利库容（有效库容、调节库容）指正常蓄水位至死水位之间的水库容积。重叠库容（共用库容、结合库容）指防洪库容与兴利库容重叠部分的库容，是正常蓄水位至防洪限制水位之间汛期用于蓄洪、非汛期用于兴利的水库容积。死库容（垫底库容）指死水位以下的水库容。

5. D。本题考核的是水泥检验要求。有下列情况之一者，应复试并按复试结果使用：
（1）用于承重结构工程的水泥，无出厂证明者；
（2）存储超过 3 个月（快硬水泥超过 1 个月）；
（3）对水泥的厂名、品种、强度等级、出厂日期、抗压强度、安定性不明或对质量有怀疑者；
（4）进口水泥。

6. C。本题考核的是静水压力计算。水深为 H 时，单位宽度上水平静水压力 P 按式 $P = 1/2\gamma H^2$ 计算，$P = 1/2 \times 9.80 \times 35^2 = 6002.5 \text{kN}$。

7. B。本题考核的是扬压力。计算截面上的扬压力代表值，应根据该截面上的扬压力分布图形计算确定。其中，矩形部分的合力为浮托力代表值，其余部分的合力为渗透压力代表值。对于在坝基设置抽排系统的，则主排水孔之前的合力为扬压力代表值；主排水孔之后的合力为残余扬压力代表值。浮托力是由下游水深形成的，渗透压力是由上下游水位差形成的。

8. B。本题考核的是渗透变形。在渗流作用下，非黏性土土体内的细小颗粒沿着粗大颗粒间的孔隙通道移动或被渗流带出，致使土层中形成孔道而产生集中涌水的现象称为管涌。在渗流作用下，黏性土土体发生隆起、断裂和浮动的现象，称为流土。当渗流沿着两种渗透系数不同的土层接触面或建筑物与地基的接触面流动时，在接触面处的土壤颗粒被冲动而产生的冲刷现象称为接触冲刷。在层次分明、渗透系数相差悬殊的两层土中，当渗流垂直于层面时，将渗透系数小的一层中的细颗粒带到渗透系数大的一层中的现象称为接触流失。

9. C。本题考核的是消能与防冲方式。面流消能，当下游水深较大且比较稳定时，利用鼻坎将下泄的高速水流的主流挑至下游水面，在主流与河床之间形成巨大的底部旋滚，旋滚流速较低，避免高速水流对河床的冲刷。底流消能是利用水跃消能，将泄水建筑物泄出的急流转变为缓流，以消除多余动能的消能方式。挑流消能利用溢流坝下游设置挑流坎（又称挑流鼻坎，形式有连续式和差动式两种），把高速水流挑射到下游空中，在空中扩散、掺气、与空气摩擦，消耗部分能量后，水流跌落到坝下游河道内，在尾水水深中发生漩涡、冲击、掺搅、紊动、扩散、剪切，进一步消耗水流的大部分能量。但跌落的水流仍将冲刷河床，形成冲刷坑，在冲刷坑中水流继续消能。消力戽消能是利用泄水建筑物的出流部分造成具有一定反弧半径和较大挑角所形成的戽斗，在下游尾水淹没挑坎的条件下，形不成自由水舌，高速水流在戽斗内产生激烈的表面旋滚，后经鼻坎将高速的主流挑至水面。并通过戽后的涌浪及底部旋滚而获得较大的消能效果。

10. D。本题考核的是灌浆分类。固结灌浆：用浆液灌入岩体裂隙或破碎带，以提高岩体的整体性和抗变形能力的灌浆。帷幕灌浆：减小渗流量或降低扬压力的灌浆。接触灌浆：增加接触面结合能力的灌浆。回填灌浆：增强围岩或结构的密实性的灌浆。

11. B。本题考核的是钢筋连接。钢筋搭接处，应在中心和两端用绑丝扎牢，绑扎不少于3道。

12. A。本题考核的是水下工程疏浚断面控制。断面中心线偏移不应大于1.0m。

13. A。本题考核的是启闭机分类。启闭机按结构形式分为固定卷扬式启闭机、液压式启闭机、螺杆式启闭机、轮盘式启闭机、移动式启闭机（包括门式启闭机、桥式启闭机和台车式启闭机）等。固定卷扬式启闭机型号的表示方法如图6所示。

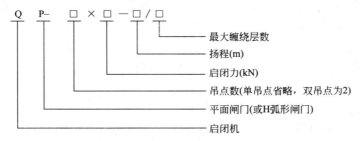

图6 固定卷扬式启闭机型号的表示方法

14. C。本题考核的是水利工程施工度汛方案。根据《水利部关于进一步做好在建水利工程安全度汛工作的通知》（水建设〔2022〕99号），在建水利工程项目法人承担安全度汛工作的首要责任，组织设计、施工、监理等参建单位制订度汛方案和超标准洪水应急预案。工程度汛方案和超标准洪水应急预案应于每年主汛期前1个月编制完成，由项目法人组织召开专家咨询会进行论证后，印发各参建单位执行，并报项目主管部门和水行政主管部门备案。单独编制超标准洪水应急预案的，还应将超标准洪水应急预案报送地方防汛指挥部门备案。

15. B。本题考核的是标准的层次。标准包括国家标准、行业标准、地方标准和团体标准、企业标准等五个层次。国家工程建设标准分为强制性标准和推荐性标准。行业标准分成强制性标准和推荐性标准。企业可以根据需要自行制定企业标准，或者与其他企业联合制定企业标准。

16. D。本题考核的是水力发电项目规模划分。水力发电建设项目设计规模划分详见表5。

表5 水力发电建设项目设计规模划分

建设项目	单位	特大型	大型	中型	小型	备注
水力发电	MW	—	≥250	50~250	<50	单机容量

17. B。本题考核的是施工总承包资质承包工程范围。选项A错误，电力工程施工总承包三级资质可承担单机容量10万kW以下发电工程、110kV以下送电线路和相同等级变电站工程的施工。选项B正确，水利水电工程施工总承包一级资质的企业可承担各类型水利水电工程的施工。选项C错误，水利水电工程施工总承包三级资质承担坝高40m以下的工程。选项D错误，隧道工程专业承包二级资质的企业可承担断面60m² 以下且单洞长度1000m以下的隧道工程施工。

18. D。本题考核的是跟踪检测与平行检测方法。监理机构可采用跟踪检测、平行检测方法对承包人的检验结果进行复核。其中：

（1）平行检测的检测数量，混凝土试样不应少于承包人检测数量的3%，重要部位每种强度等级的混凝土最少取样1组。

（2）土方试样不应少于承包人检测数量的5%；重要部位至少取样3组。

（3）跟踪检测的检测数量，混凝土试样不应少于承包人检测数量的7%，土方试样不应少于承包人检测数量的10%。

19. C。本题考核的是项目部应急预案。施工单位应当编制综合应急预案、专项应急预案、现场处置方案三种应急预案，构成项目部应急预案体系。

20. C。本题考核的是废物控制。危险废弃物应按规定进行掩埋、焚烧处理或上交有关部门。

二、多项选择题

21. D、E；　　　　22. A、B、D、E；　　　23. B、C、E；
24. A、B、D；　　　25. D、E；　　　　　26. A、C、D；
27. C、D；　　　　28. A、B、C；　　　　29. C、E；

30. A、B、C、D。

【解析】

21. D、E。本题考核的是基坑开挖降排水。管井井点降水适用条件：（1）第四系含水层厚度大于 5.0m。（2）含水层渗透系数 K 宜大于 1.0m/d。选项 A、C 是轻型井点降水的适用条件。

22. A、B、D、E。本题考核的是水利水电工程洪水标准。洪水标准是指为维护水工建筑物自身安全所需要防御的洪水大小，故选项 A 正确、选项 C 错误。水利水电工程永久性水工建筑物的洪水标 应按山区、丘陵区和平原、滨海区两类分别确定，故选项 B 正确。堤防、渠道上的 、涵、泵站及其建筑物的标准，不低于堤防、渠道的防洪标准，并应留有安全裕度，故选项 D 正确。挡水建筑物采用土石坝和混凝土坝混合坝型时，其洪水标准应采用土石坝的洪水标准，故选项 E 正确。

23. B、C、E。本题考核的是混凝土的外加剂。改善混凝土和易性的外加剂，包括减水剂、引气剂、泵送剂等。选项 A、D 是调节混凝土凝结时间、硬化性能的外加剂。

24. A、B、D。本题考核的是混凝土拌和及原材料检测。水泥、混合材料允许偏差 ±1%，故选项 A 正确。混凝土坍落度抽样频次 1 次/2h，故选项 B 正确。常态纤维混凝土以 150mm 立方体试件在标准养护条件下的抗压强度为准，故选项 C 错误。混凝土的混合材料包括粉煤灰，故选项 D 正确。水泥安定性抽样频次为 1/（200~400）t，故选项 E 错误。

25. D、E。本题考核的是常态混凝土和碾压混凝土结合部的压实控制。常态混凝土和碾压混凝土结合部的压实控制，无论采用"先碾压后常态"还是"先常态后碾压"或两种混凝土同步入仓，都必须对两种混凝土结合部重新碾压。应对常态混凝土掺加高效缓凝剂，使两种材料初凝时间接近，同处于塑性状态，保持层面同步上升，以保证结合部的质量。

26. A、C、D。本题考核的是水电站的布置形式。水电站的典型布置形式主要有坝式水电站、河床式水电站及引水式水电站三种。

27. C、D。本题考核的是建设项目管理有关要求。水利工程建设程序一般分为：项目建议书、可行性研究报告、施工准备、初步设计、建设实施、生产准备、竣工验收、后评价等阶段，故选项 A 错误。蓄水安全鉴定工作依据应包括有关法律、法规、规章和技术标准，批准的初步设计报告、专题报告、设计变更及修改文件，以及合同规定的质量和安全标准等，故选项 B 错误。项目法人的职责：负责办理工程质量、安全监督及开工备案手续；负责组织施工图设计审查，按照有关规定履行设计变更的审查或审核与报批工作，故选项 C、D 正确。水利 PPP 项目需具备相关规划依据。地方各级水行政主管部门建立本地统一、共享的 PPP 项目库。项目合作期低于 10 年及没有现金流，或通过保底承诺、回购安排等方式违法违规融资、变相举债的项目，不纳入 PPP 项目库，故选项 E 错误。

28. A、B、C。本题考核的是信用信息公开。水利建设市场主体信用信息原则上应予以公开，信息公开不得危及国家安全、公共安全、经济安全和社会稳定，不得泄露国家秘密、工作秘密、商业秘密和个人隐私。责令整改、约谈、停工整改的不良行为记录信息可不予公开。

29. C、E。本题考核的是水力发电工程验收的分类。水电工程验收包括阶段验收和竣工验收，其中阶段验收包括工程截流验收、工程蓄水验收、水轮发电机组启动验收。

30. A、B、C、D。本题考核的是检（监）测单位检测责任。检测单位应当将存在工程安全问题、可能形成质量隐患或者影响工程正常运行的检测结果以及检测过程中发现的项目法人（建设单位）、勘测设计单位、施工单位、监理单位违反法律、法规和强制性标准的情况，及时报告委托方和具有管辖权的水行政主管部门或者流域管理机构。

三、案例分析及实务操作题

（一）

1. 事件1中，桥面板的拆模时机不正确。

理由：跨度8m的交通桥现浇混凝土梁板为承重模板，混凝土强度达到设计强度的75%时方可拆除。

本工程生产安全事故等级：较大事故。

2. 水行政主管部门安全监管原则，除"管行业必须管安全"外，还应包括：管业务必须管安全、管生产经营必须管安全。

3. 面板堆石坝①~⑤各分区的先后施工顺序：④→⑤→③→②→①或④坝基开挖→⑤主堆石区填筑→③过渡区填筑→②垫层区填筑→①混凝土面板施工。

4. 单元工程优良率：$46/65 \times 100\% = 70.8\%$，关键部位单元工程优良率 $= 28/30 \times 100\% = 93.3\%$。

该分部工程中单元工程优良率达到优良标准。

5. B、C、D分别代表的数值：B为4，C为88，D为94。

（二）

1. 除事件1所列内容外，开工申请报告还应包括：临时设施、材料设备等施工组织措施的落实情况以及工程的进度安排。

2. A段护岸混凝土施工实际比计划进度延误15d。B段护岸混凝土施工实际比计划拖延10d。

按费用增加最少原则，T1、T2、T3、T4所对应的天数：T1为50d，T2为150d，T3为44d，T4为176d。

3. 工程预付款扣回与还清公式中C的含义：合同累计完成金额。

工程预付款扣回与还清公式中A所对应的数值：$2850 \times 10\% = 285$万元；S所对应的数值：2850万元。

截至第15个月底累计已经扣回的工程预付款 $= 285 \times (2034 - 20\% \times 2850)/[(80\% - 20\%) \times 2850] = 244$万元。

截至第16个月底累计应扣回的工程预付款 $= 285 \times (2034 + 258 - 20\% \times 2850)/[(80\% - 20\%) \times 2850] = 287$万元$>285$万元，则第16个月应扣回的预付款为$285 - 244 = 41$万元。

发包人应支付给承包人的工程进度款金额为$258 - 41 + 12 + 5 = 234$万元。

4. 除事件4所列内容外，合同工程完工验收条件还应包括：

（1）工程已按规定进行了有关验收。

（2）工程完工结算已完成。

（3）施工现场已经进行清理。

(4) 需移交项目法人的档案资料已按要求整理完毕。
(5) 合同约定的其他条件。

(三)

1. 除背景资料所述条件外，主体工程施工招标还应具备的条件：(1) 建设资金来源已落实，年度投资计划已经安排；(2) 具有能满足招标要求的设计文件，已与设计单位签订适应施工进度要求的图纸交付合同或协议；(3) 监理单位已确定。

2. 劳资专管员对分包单位劳动用工实施监督管理，掌握施工现场用工、考勤、工资支付等情况。

劳资专管员审核分包单位编制的农民工工资支付表。

3. 表3中A、B、C、D、E所认定的违法行为名称如下：
A—违法分包；B—出借或借用资质；C—转包；D—违法分包；E—出借或借用资质。

4. 事件3中质量保证金预留的不妥之处：发包人预留工程价款结算总额的5%作为工程质量保证金。

改正：工程质量保证金的预留比例上限不得高于工程价款结算总额的3%。

5. 发包人有权采取的具体措施：有权扣留与未履行责任剩余工作所需金额相应的质量保证金余额，并有权延长缺陷责任期，直至完成剩余工作为止。

(四)

1. 大坝级别为3级，围堰级别为5级。
本工程的基本施工导流方式为全段围堰法导流。

2. 设计干密度 = $1.72 \times 97\% = 1.67 \text{g/cm}^3$。

进占法优点：铺料厚度容易控制，容易平整，压实设备工作条件较好，且减轻推土机的摊平工作量，使堆石填筑速度加快。

流水作业需要的专业施工班组数量：5个班组。

同一工段要求各专业施工班组按工序依次连续施工。

检查项目还包括：土块大小、压实后的干密度等。

3. (1) 表4中A、B代表的围岩类别：A—Ⅲ类；B—Ⅴ类。
C、D、E、F、G代表的支护类型：C—①喷混凝土，D—③系统锚杆加钢筋网；E—①喷混凝土，F—②系统锚杆，G—④钢构架。

围岩总评分，除所述因素外还应考虑：岩体完整程度、地下水、主要结构面产状。

4. 事件3中的质量事故类别：较大质量事故。
除罚款外，对项目经理进行责任追究的方式还有：责令停止执业1年。
对项目经理顶格罚款的比例为10%；罚款金额为$20 \times 10\% = 2$万元。

5. "四节一环保"中"四节"的内容：节能、节地、节材、节水。
将工程弃渣料用于道路填筑符合合理利用工程弃渣。
钢筋废料回收利用符合回收处置。

(五)

1. 图4中1、2、3、4、5分别代表的部位名称：1—上游铺盖；2—护坦（或消力池）；

3—闸门;4—胸墙;5—下游翼墙。

2. 混凝土生产系统小时生产能力不满足要求。

理由:混凝土系统所需小时生产能力 = 1.5×19000/500 = 57m³/h<60m³/h。混凝土系统拌合楼所需生产能力 = 1.1×(20×25×2÷5)/(4-1) = 73.33m³/h>60m³/h。虽然能满足高峰月混凝土浇筑强度的需求,但是不能满足最大浇筑仓面混凝土浇筑需求,所以不满足要求。

3. 图5中a、b、c、e、f、g中属于第二次序孔的有:b、f;属于第三次序孔的有:a、c、e、g。

4. 浇筑止水缝部位混凝土的注意事项还包括:

(1) 水平止水片应在浇筑层的中间,在止水片高程处,不得设置施工缝。

(2) 浇筑混凝土时,不得冲撞止水片,当混凝土将淹没止水片时,应再次清除其表面污垢并注意防止止水片向下弯折。

(3) 嵌固止水片的模板应适当推迟拆模时间。

5. 除空运转和动载试验外,启闭机还应进行的试验:空载试验、静载试验。

动载试验的主要目的是检查起升机构、运行机构和制动器的工作性能。

6. 堤基清理范围包括:堤身、铺盖和压载的基面。

堤基清理要求还包括:

(1) 堤基清理边线应比设计基面边线宽出30~50cm。

(2) 堤基内的井窖、树坑、坑塘等应按堤身要求进行分层回填处理。

(3) 堤基清理后,应在第一层铺填前进行平整压实,压实后土体干密度应符合设计要求。

2023 年度全国一级建造师执业资格考试

《水利水电工程管理与实务》

真题及解析

学习遇到问题？
扫码在线答疑

2023 年度《水利水电工程管理与实务》真题

一、单项选择题（共 20 题，每题 1 分。每题的备选项中，只有 1 个最符合题意）

1. 采用测角前方交会法进行开挖工程细部放样，宜用（　　）个交会方向。
   A. 1　　　　　　　　　　　　　　B. 2
   C. 3　　　　　　　　　　　　　　D. 4

2. 水库总库容所对应的特征水位是（　　）。
   A. 正常蓄水位　　　　　　　　　　B. 防洪高水位
   C. 设计洪水位　　　　　　　　　　D. 校核洪水位

3. 灌浆施工工序包括：①钻孔、②冲洗、③压水试验、④灌浆及质量检查，正确的施工顺序是（　　）。
   A. ①→②→③→④　　　　　　　　B. ①→③→②→④
   C. ②→①→③→④　　　　　　　　D. ②→③→①→④

4. 根据《水工建筑物岩石基础开挖工程施工技术规范》DL/T 5389—2007，锚杆灌浆强度达到设计强度的 70% 以前，其（　　）m 范围内不允许爆破。
   A. 10　　　　　　　　　　　　　　B. 20
   C. 30　　　　　　　　　　　　　　D. 50

5. 采用挖坑灌水（砂）法检测面板堆石坝堆石料压实干密度时，试坑深度为（　　）。
   A. 碾压层厚　　　　　　　　　　　B. $\dfrac{1}{3}$ 碾压层厚
   C. $\dfrac{1}{2}$ 碾压层厚　　　　　　　　D. 1.5 倍碾压层厚

6. 低塑性混凝土宜在浇筑完毕后立即进行（　　）养护。
   A. 洒水　　　　　　　　　　　　　B. 浇水
   C. 蓄水　　　　　　　　　　　　　D. 喷雾

7. 图例 ——▭—— 所示钢筋接头的方法是（　　）。
   A. 闪光对焊　　　　　　　　　　　B. 电渣压力焊
   C. 绑扎连接　　　　　　　　　　　D. 机械连接

8. 钻孔取样的芯样获得率可用来评价碾压混凝土的（　　）。

A. 抗渗性 B. 密实性
C. 均质性 D. 力学性能

9. 水轮机型号为 HL 220-LJ-500，其中"500"的含义是（　　）。
A. 转轮型号为 500 B. 转轮直径为 500cm
C. 比转速为 500r/min D. 应用水头 500m 以内

10. 点燃导火索的正确方式是使用（　　）。
A. 香 B. 香烟
C. 火柴 D. 打火机

11. 水利工程建设程序分为（　　）个阶段。
A. 五 B. 六
C. 七 D. 八

12. 项目法人向项目主管部门报送主体工程开工情况书面报告的时间，应控制在工程开工之日起（　　）个工作日内。
A. 5 B. 10
C. 15 D. 20

13. 水利建设项目稽察发现的问题，其问题性质分为（　　）个类别。
A. 二 B. 三
C. 四 D. 五

14. 中型水利建设项目未完工程投资及预留费用可纳入竣工财务决算，但额度应控制在总概算的（　　）以内。
A. 1% B. 2%
C. 3% D. 4%

15. 下列情形中，可以判定为严重勘测设计失误的是（　　）。
A. 主要结构尺寸不合理，但可以实施补救措施
B. 环保措施设计不合理，对环境造成影响
C. 设计文件未明确重要设备生产厂家
D. 设计人员不满足现场施工需要，影响施工进度

16. 某水闸因混凝土浇筑和钢筋绑扎质量原因造成该闸建成后无法正常使用。水行政主管部门可依法追究施工单位（　　）的质量终身责任。
A. 混凝土浇筑人员 B. 钢筋绑扎人员
C. 安全管理人员 D. 项目经理

17. 工地设立的"当心火灾"标志属于（　　）标志。
A. 警告 B. 禁止
C. 指令 D. 提示

18. 经批准的移民安置规划，由（　　）组织实施。
A. 地方人民政府 B. 施工单位
C. 项目法人 D. 移民监理单位

19. 水利技术标准有（　　）个层次。
A. 2 B. 3
C. 4 D. 5

20. 下列工程中,属于超过一定规模的危险性较大的单项工程的是（　　）。
   A. 围堰工程　　　　　　　　　　B. 顶管工程
   C. 沉井工程　　　　　　　　　　D. 水上作业工程

二、多项选择题（共10题,每题2分。每题的备选项中,有2个或2个以上符合题意,至少有1个错项。错选,本题不得分；少选,所选的每个选项得0.5分）

21. 水泥砂浆的保水性可用（　　）表示。
   A. 和易性　　　　　　　　　　　B. 坍落度
   C. 泌水率　　　　　　　　　　　D. 流动性
   E. 分层度

22. 渗透破坏的基本形式一般可分为（　　）等。
   A. 管涌　　　　　　　　　　　　B. 流土
   C. 塌方　　　　　　　　　　　　D. 接触冲刷
   E. 接触流失

23. 高压喷射灌浆"三管法"施工的主要机械设备包括（　　）。
   A. 钻机　　　　　　　　　　　　B. 打桩机
   C. 高压水泵　　　　　　　　　　D. 空压机
   E. 高压泥浆泵

24. 碾压混凝土经振动碾压3~4遍后仍无灰浆泌出,且出现粗集料被压碎现象,表明（　　）。
   A. 拌和料太干　　　　　　　　　B. VC值过小
   C. 拌和料太湿　　　　　　　　　D. VC值过大
   E. 水泥用量过少

25. 关于施工照明电源电压的说法,正确的有（　　）。
   A. 一般场所用220V
   B. 行灯不大于36V
   C. 直径2.1m的地下洞室开挖不大于36V
   D. 在潮湿场所的不大于24V
   E. 在锅炉或金属容器内的不大于24V

26. 水利工程建设稽察方式有（　　）。
   A. 重点稽察　　　　　　　　　　B. 抽察
   C. 随机察　　　　　　　　　　　D. 项目稽察
   E. 回头看

27. 关于水利工程建设程序的说法,正确的有（　　）。
   A. 项目建议书解决项目建设的必要性问题
   B. 初步设计解决项目建设的社会可行性问题
   C. 水利工程建设项目分为公益性和经营性两类
   D. 水利工程建设程序包括后评价阶段
   E. 建设实施阶段与运行准备阶段时间不可以重叠

28. 关于水利建设市场主体信用信息管理的说法,正确的有（　　）。
   A. 不良行为记录信息分为三种

B. 不良行为记录信息量化计分管理结果是"白名单"认定的重要依据
C. 一般不良行为记录信息可申请信用修复
D. 信用状况良好且连续3年无不良行为记录,资质管理方面可享受"绿色通道"
E. 信用状况良好且连续3年无不良行为记录,行政许可管理方面可享受"容缺受理"

29. 根据《中华人民共和国水法》,水工程包括(　　)。
   A. 航道工程　　　　　　　　　　B. 港口工程
   C. 跨海桥梁工程　　　　　　　　D. 城镇供排水工程
   E. 海涂围垦工程

30. 根据《水电水利工程施工监理规范》DL/T 5111—2012,水力发电工程项目划分为(　　)。
   A. 单项工程　　　　　　　　　　B. 单位工程
   C. 分部工程　　　　　　　　　　D. 分项工程
   E. 单元工程

三、实务操作和案例分析题（共5题,(一)、(二)、(三)题各20分,(四)、(五)题各30分）

(一)

背景资料：

某引水隧洞工程为平洞,采用钻爆法由下游向上游开挖,钢筋混凝土衬砌采用移动模板浇筑。各工作名称和逻辑关系详见表1,经监理人批准的施工进度计划如图1所示。

表1　某引水隧洞工程施工工作名称和逻辑关系

序号	工作名称	代码	持续时间(d)	紧前工作
1	施工准备	A	10	—
2	下游临时道路扩建	B	20	A
3	上游临时道路新建	C	90	A
4	下游洞口开挖	D	30	B
5	上游洞口开挖	E	30	C
6	隧洞开挖	F	380	D
7	钢筋加工	G	150	B
8	隧洞贯通	H	15	E、F
9	隧洞钢筋混凝土施工	I	270	G、H
10	尾工	J	10	I

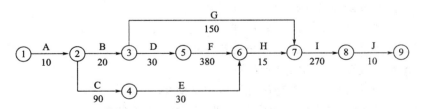

图1　某引水隧洞工程施工进度计划

事件1：工程按计划如期开工，A 工作完成后，因受其他标段施工影响（非本工程承包人责任）D 工作开始时间将延迟，经发包人批准监理人通知承包人 B 工作、C 工作正常进行，G 工作不受影响，D 工作暂停，开始时间推迟 135d。为保证工程按期完成，要求承包人调整进度计划。承包人提出将开挖方式改为从上下游两端相向开挖的赶工方案，并制定了新的进度计划如图2所示，其中 C_1 表示原计划 C 工作的剩余工作，K 表示暂停施工。发包人与承包人依据赶工方案签订了补充协议，约定合同工期目标不变，相应增加赶工措施费 108 万元；如提前完工，奖励 1.5 万元/d，如延迟完工，逾期违约金 1.5 万元/d。

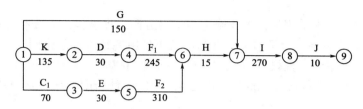

图2 某引水隧洞工程施工进度计划（调整后）

事件2：上游段开挖过程中因未及时支护造成洞内塌方，处理塌方体石方量 450m³，用时 8d，承包人以地质原因为由，提出 49500 元（110 元/m³×450m³，综合开挖单价 110 元/m³）的费用补偿和工期索赔要求。

事件3：根据赶工方案，隧洞开挖过程中当两个相向开挖的工作面相距小于 L_1 距离爆破时，两侧施工人员均应撤离工作面；相距 L_2 时，上游侧停止工作，由下游侧单向贯通。

事件4：施工进度检查时，发现 H 工作比计划延迟了 10d 完成，I 工作实际持续时间 254d 完成，J 工作实际持续时间 6d 完成。

问题：

1. 水工地下洞室按照倾角（洞轴线与水平面的夹角）分类，除平洞外，还有哪些类型？分别指出相应倾角范围。
2. 给出图2中 F_1、F_2 的工作名称，并指出关键线路。
3. 事件2中承包人的要求是否合理？说明理由。
4. 根据《水工建筑物地下开挖工程施工规范》SL 378—2007 的规定，事件3中 L_1、L_2 分别应为多少米？
5. 根据事件4中的检查结果，写出工程实际完成总工期，与合同工期相比提前或延迟的时间；根据补充协议，计算发包人应向承包人支付的费用。

（二）

背景资料：

某新建大型水库枢纽工程，投资来源于国有资金。发包人和施工单位甲依据《水利水电工程标准施工招标文件》（2009年版）签订了施工总承包合同，工程量清单计价约定以《水利工程工程量清单计价规范》GB 50501—2007为标准。南干渠隧洞工程估算投资1000万元，发包人将其以暂估价项目形式列入上述施工总承包合同中。工程实施中发生如下事件：

事件1：发包人要求采用招标方式确定南干渠隧洞工程承包人。按照规定程序，施工单位乙被确定为南干渠隧洞工程承包人，并与施工单位甲签订了分包合同。

事件2：南干渠隧洞工程设计方案中，隧洞长度1000m，圆形平洞，内径5m，混凝土衬砌厚度为50cm。施工完成后，隧洞平均超挖以15cm计。南干渠隧洞开挖衬砌示意图如图3所示。

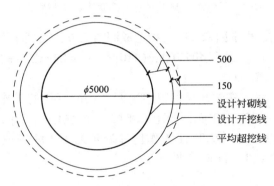

图3　南干渠隧洞开挖衬砌示意图（单位：mm）

事件3：南干渠隧洞工程设计衬砌量8635m³，实际衬砌量12223.55m³（含损耗），单价中衬砌混凝土配合比（每立方米混凝土用量）详见表2。工程完工后，施工单位乙向监理人提交了混凝土衬砌子目完工付款申请单，申请计量工程量为12223.55m³。

表2　南干渠隧洞衬砌混凝土配合比

混凝土强度等级	水泥(kg)	卵石(m³)	砂(m³)	水(m³)
C25	291	0.8	0.52	0.2

事件4：根据《保障农民工工资支付条例》（国务院令第724号），为保障分包单位农民工工资支付，南干渠隧洞工程分包合同约定了相关方责任，部分内容按编号如下：
（1）存储农民工工资保证金；
（2）编制农民工工资支付表；
（3）配备劳资专管员；
（4）对农民工实名登记；
（5）将人工费及时足额拨付至农民工工资专用账户；
（6）开设农民工工资专用账户。

问题：

1. 事件1中，发包人要求以招标方式确定南干渠隧洞工程承包人是否合理？说明理由。

2. 根据事件2，列式计算南干渠隧洞工程石方开挖设计工程量和实际工程量（π取3.14），并判定计量支付采用的工程量。

3. 根据事件3，计算南干渠隧洞工程混凝土衬砌子目实际的水泥和砂用量。

4. 指出并改正事件3中施工单位乙申请南干渠隧洞工程混凝土衬砌子目完工付款申请中的不妥之处。

5. 事件4中关于保障农民工工资支付的约定，哪些属于施工单位甲的责任？哪些属于施工单位乙的责任？（用编号表示）

（三）

背景资料：

某河道新建节制闸工程，闸室及岸翼墙地基采用换填水泥土处理；消力池末端（水平段）设冒水孔，底部设小石子、大石子和中粗砂三级反滤，消力池纵剖面如图4所示。工程建设过程中发生如下事件：

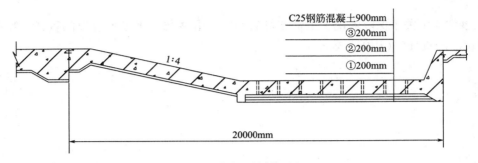

图4 消力池纵剖面图

事件1：工程开工前，监理机构组织编制了本工程保证安全生产的措施方案，内容包括工程概况、编制依据、安全生产规章制度、安全生产管理机构及相关负责人等。该方案经总监理工程师审核批准，并于工程开工后的第21个工作日报有管辖权的水行政主管部门备案。

事件2：本工程采用塔式起重机进行垂直运输作业，吊装过程中发生模板坠落事故，致1人死亡、2人重伤、1人轻伤。事故发生后，现场施工人员立即向本单位负责人做了报告。在事故调查中发现，塔式起重机的部分作业人员没有特种作业操作资格证书。

问题：

1. 根据背景资料，指出图3中消力池位于闸室的上游还是下游；图中①、②、③分别代表哪种反滤材料？

2. 根据《水利工程建设安全生产管理规定》（水利部令第26号），指出并改正事件1中的不妥之处。

3. 根据《水利工程建设安全生产管理规定》（水利部令第26号），本工程保证安全生产的措施方案除事件1列出的内容外，还应包括哪些内容？

4. 根据《生产安全事故报告和调查处理条例》（国务院令第493号）和水利部有关规定，指出事件2中的生产安全事故等级；施工单位负责人接到报告后，应在多长时间内向当地政府哪些部门报告？

5. 根据《水利工程建设安全生产管理规定》（水利部令第26号），事件2中塔式起重机的哪些作业人员应取得特种作业操作资格证书？

(四)

背景资料：

某灌溉输水工程，施工过程中发生如下事件：

事件1：项目法人组织监理、设计及施工等单位进行工程项目划分，共分为渠道、渡槽、隧洞等5个单位工程，确定了主要单位工程和关键部位单元工程等主要内容，监理单位在主体工程开工前将项目划分表及说明书报工程质量监督机构确认。

事件2：工程中的渡槽槽身，采用定型钢模板现场预制。施工单位将预制工序划分为：①场地平整压实，②混凝土基座平台制作，③钢筋笼吊装，④外模安装，⑤底模安装调平，⑥内模安装，⑦模板支撑加固，⑧槽身预制拉杆（横梁）安装，⑨槽身混凝土浇筑，⑩槽身吊装存放，⑪内模拆除（混凝土养护），⑫外模拆除。槽身预制施工工艺流程如下：
①场地平整压实→②混凝土基座平台制作→A→B→③钢筋笼吊装→C→D→E→⑨槽身混凝土浇筑→⑪内模拆除（混凝土养护）→F→G→拆除底模。

事件3：工程中的隧洞为平洞，横断面跨度4.2m，地质以Ⅳ类围岩为主，局部Ⅴ类。施工单位编制了开挖方案，确定洞身采用全断面钻爆法施工，用自钻式注浆锚杆进行随机支护，明确了Ⅳ类、Ⅴ类围岩开挖循环进尺控制参数。

事件4：施工期间未发生质量事故，合同工程完成后，施工单位对工程项目质量进行了自评，所有分部工程质量全部合格，其中主要分部工程全部优良，自评结果详见表3。项目法人组建了合同工程完工验收工作组，监理单位主持了合同工程完工验收，通过了《合同工程完工验收鉴定书》，《合同工程完工验收鉴定书》按照规程进行了分发和备案。

表3 工程项目质量自评

序号	单位工程名称	分部工程质量			外观质量得分率（%）	单位工程质量等级
		数量(个)	优良(个)	优良率(%)		
1	渠道工程	10	8	80	90	优良
2	▲渡槽工程	12	8	66.7	85	a
3	▲隧洞工程	10	8	80	88	b
4	水闸及渠下工程	8	6	75	86	优良
5	暗涵工程	10	7	70	87	c
6	工程项目质量等级自评结果：e				单位工程优良率：d	

注：加▲者为主要单位工程。

问题：

1. 指出并改正事件1中工程项目划分表及说明书申报程序的不妥之处；工程项目划分除确定主要单位工程和关键部位单元工程外，还应确定哪些主要内容？写出本工程渠道单位工程项目划分的原则。

2. 根据事件2，写出槽身预制施工工艺流程中A、B、C、D、E、F、G对应的工序名称（用背景资料的工序编号①、②、……、⑫作答）。

3. 根据事件3，按照跨度大小判定该隧洞的洞室规模类别；按照作用原理划分，除自钻式注浆锚杆外，锚杆的主要类型还包括哪些？写出Ⅳ类围岩开挖循环进尺参数的控制范围。

4. 根据《水利水电工程施工质量检验与评定规程》SL 176—2007，写出表4中a、b、c所表示的对应单位工程质量等级；列式计算单位工程优良率d（用"%"表示）；判定e所表示的质量等级。

5. 根据事件4，指出并改正合同工程完工验收组织的不妥之处；写出《合同工程完工验收鉴定书》分发及备案的具体规定。

（五）

背景资料：

某新建大型水库枢纽工程主要建设内容包括主坝、副坝和泄水闸等。其中主坝为混凝土面板堆石坝，副坝为均质土坝。工程施工过程中，发生如下事件。

事件1：副坝坝顶混凝土防浪墙施工采用移动式模板如图5所示。

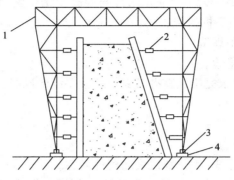

图5 移动式模板示意图

事件2：施工单位采用环刀取样检测副坝土料填筑压实度，并按《土工试验方法标准》GB/T 50123—2019进行了土工试验，试验结果详见表4（土料最大干密度为1.66g/cm³）。

表4 副坝土料填筑压实试验记录

	环刀号		1			
湿密度	环刀容积	cm³	200			
	环刀质量	g	188.34			
	土样+环刀质量	g	578.24			
	土样质量	g				
	湿密度	g/cm³	1.95		A	
含水率	盒号		1		2	
	盒质量	g	13.40	B	13.21	C
	盒+湿土质量	g	52.34	D	43.33	E
	盒+干土质量	g	44.96	F	37.61	G
	水的质量	g				
	干土质量	g				
	含水率	%				
	平均含水率	%		H		
	干密度	g/cm³		I		
	压实度	%		J		

注：表中A～J是为计算所加注的相应数据代码。

事件3：施工现场新到一批钢筋，施工单位根据《水工混凝土施工规范》SL 677—2014进行取样，并将样品送到符合资质要求的检测单位进行了拉力试验。

事件4：本工程采用紫铜片止水。施工单位提出的止水施工技术方案部分内容如下：
（1）沉降缝的填充采用先装填料后浇筑混凝土的填料施工方法；
（2）紫铜片接头采用双面焊，搭接长度为10mm；
（3）止水片的交叉处接头在加工厂加工制作；
（4）水平止水片上40cm处设置了水平施工缝，采用了将止水片留出的施工方法；
（5）紫铜止水片的沉降槽采用了聚乙烯闭孔泡沫条填充；
（6）混凝土浇筑过程中，为了保证止水片与混凝土结合紧密，采用了振捣器在止水片上及止水片附近振捣的加强振捣措施；
（7）焊接采用紫铜焊条焊接；
（8）焊缝用水做渗透检验。

事件5：工程按合同要求完工，在办理具体交接手续的同时，施工单位向项目法人递交了工程质量保修书。

问题：
1. 指出图5中的1、2、3、4分别代表的构件名称。
2. 根据事件2，计算副坝土料填筑的压实度（须用数据代码列出算式，计算结果保留到小数点后2位）。
3. 事件3中除拉力试验外，钢筋还应进行哪些试验？拉力试验项目中包括哪三个指标？
4. 本工程主坝混凝土面板的施工作业内容有哪些？
5. 改正事件4中的不妥之处。
6. 根据事件5，本工程质量保修书中的主要内容有哪些？

2023年度真题参考答案及解析

一、单项选择题

1. C；	2. D；	3. A；	4. B；	5. A；
6. D；	7. D；	8. C；	9. D；	10. A；
11. D；	12. C；	13. B；	14. C；	15. D；
16. D；	17. A；	18. A；	19. D；	20. B。

【解析】

1. C。本题考核的是开挖工程细部放样。开挖工程细部放样方法有极坐标法、测角前方交会法、后方交会法等，但基本的方法主要是极坐标法和测角前方交会法。直接用后方交会法放样开挖轮廓点的情况很少。采用测角前方交会法，宜用三个交会方向，以"半测回"标定即可。用极坐标法放样开挖轮廓点时，测站点必须靠近放样点。

2. D。本题考核的是水库特征水位。水库特征水位和相应库容关系如图6所示。

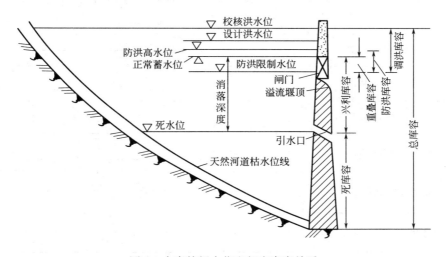

图6 水库特征水位和相应库容关系

水库总库容对应的特征水位是校核水位。

3. A。本题考核的是帷幕灌浆施工工艺。帷幕灌浆施工工艺主要包括：钻孔、裂隙冲洗、压水试验、灌浆和灌浆的质量检查等。

4. B。本题考核的是爆破控制。衡量爆破振动强度的参数包括位移、速度和加速度等，质点峰值振动速度与建筑物的破坏程度关联性较强，故普遍采用质点峰值振动速度作为安全判断指标，《水工建筑物岩石基础开挖工程施工技术规范》DL/T 5389—2007对一些保护对象的爆破振动安全允许标准有具体规定。在锚索灌浆、锚杆灌浆、喷混凝土的强度达到设计强度的70%以前，其20m范围内不允许爆破。

5. A。本题考核的是坝料压实检查方法。垫层料、过渡料和堆石料压实干密度检测方法，宜采用挖坑灌水（砂）法，或辅以其他成熟的方法。垫层料也可用核子密度仪法。垫层料试坑直径不小于最大料径的 4 倍，试坑深度为碾压层厚。过渡料试坑直径为最大料径的 3~4 倍，试坑深度为碾压层厚。堆石料试坑直径为坝料最大料径的 2~3 倍，试坑直径最大不超过 2m。试坑深度为碾压层厚。

6. D。本题考核的是混凝土养护。《水工混凝土施工规范》SL 677—2014 中规定，塑性混凝土应在浇筑完毕后 6~18h 内开始洒水养护，低塑性混凝土宜在浇筑完毕后立即喷雾养护，并及早开始洒水养护；混凝土应连续养护，养护期内始终使混凝土表面保持湿润。

7. D。本题考核的是普通钢筋的表示方法。普通钢筋的表示方法详见表 5。

表 5　普通钢筋的表示方法

名称	图例
钢筋横断面	●
无弯钩的钢筋端部	／
带半圆形弯钩的钢筋端部	⌐
带直钩的钢筋端部	⌐
带丝扣的钢筋端部	∿∿
无弯钩的钢筋搭接	／　＼
带半圆形弯钩的钢筋搭接	⌐⌐
带直钩的钢筋搭接	｜　｜
花篮螺丝钢筋接头	─[▭]─
机械连接的钢筋接头	─[▭]─

8. C。本题考核的是钻孔取样评定的内容。钻孔取样评定的内容如下：

（1）芯样获得率：评价碾压混凝土的均质性。

（2）压水试验：评定碾压混凝土抗渗性。

（3）芯样的物理力学性能试验：评定碾压混凝土的均质性和力学性能。

（4）芯样断口位置及形态描述：描述断口形态，分别统计芯样断口在不同类型碾压层层间结合处的数量，并计算占总断口数的比例，评价层间结合是否符合设计要求。

（5）芯样外观描述：评定碾压混凝土的均质性和密实性。

9. B。本题考核的是水轮机的型号。HL220—LJ—500 表示转轮型号为 220 的混流式水轮机，立轴，金属蜗壳，转轮直径为 500cm。

10. A。本题考核的是火花起爆的规定。火花起爆，应遵守下列规定：（1）深孔、竖井、倾角大于 30°的斜井、有瓦斯和粉尘爆炸危险等工作面的爆破，禁止采用火花起爆。(2) 炮孔的排距较密时，导火索的外露部分不得超过 1.0m，以防止导火索互相交错而起火。(3) 一人连续单个点火的火炮，暗挖不得超过 5 个，明挖不得超过 10 个，并应在爆破负责人指挥下，做好分工及撤离工作。(4) 当信号炮响后，全部人员应立即撤出炮区，迅速到安全地点掩蔽。(5) 点燃导火索应使用香或专用点火工具，禁止使用火柴、香烟和打火机。

11. D。本题考核的是水利工程建设项目建设阶段划分。水利工程建设程序一般分为：项目建议书、可行性研究报告、施工准备、初步设计、建设实施、生产准备、竣工验收、后评价等阶段。

12. C。本题考核的是关于主体工程开工的规定。水利工程具备开工条件后，主体工程方可开工建设。项目法人或建设单位应当自工程开工之日起 15 个工作日之内，将开工情况的书面报告报项目主管单位和上一级主管单位备案。

13. B。本题考核的是水利建设项目稽察问题性质的类别。稽察问题性质可分为"严重""较重"和"一般"三个类别。

14. C。本题考核的是竣工决算的基本内容。建设项目未完工程投资及预留费用可预计纳入竣工财务决算。大中型项目应控制在总概算的 3% 以内，小型项目应控制在 5% 以内。

15. D。本题考核的是严重勘测设计失误情形的判定。主要建筑物结构形式、控制高程、主要结构尺寸不合理，补救措施实施困难，影响工程整体功能发挥、正常运行或结构安全；施工期环保措施设计不符合技术标准要求，对环境造成严重影响；设计文件中指定建筑材料、建筑构配件，设备的生产厂、供应商（除有特殊要求的建筑材料、专用设备、工艺生产线等外）等应判定为严重勘测设计失误。故选项 A、B、C 不应判定为严重勘测设计失误。

16. D。本题考核的是水利工程责任单位责任人质量终身责任追究。水利工程责任单位是指承担水利工程项目建设的建设单位（项目法人）和勘察、设计、施工、监理等单位。责任单位责任人包括责任单位的法定代表人、项目负责人和直接责任人等。项目负责人是指承担水利工程项目建设的建设单位项目负责人、勘察单位项目负责人、设计单位项目负责人、施工单位项目经理、监理单位总监理工程师等。

17. A。本题考核的是安全标志。安全标志类型、几何图形、颜色、设置场所及内容详见表 6。

表 6　安全标志类型、几何图形、颜色、设置场所及内容

标志类型	几何图形与安全色	设置场所	内容
禁止标志	带斜杠的圆环，其中圆环与斜杠相连，用红色，图形符号用黑色，背景白色	人可能坠入的孔、槽、井、坑、池、沟等	禁止跨越
		易燃易爆品等仓库、车库入口处	禁止烟火
		电力变压器、高压配电装置、线路杆塔等带电设备的爬梯	禁止攀登、高压危险
警告标志	黑色的正三角形，黑色符号和黄色背景	电气设备的防护围栏	当心触电
		人可能坠入的孔、槽、井、坑、池的防护栏杆	当心坠落
		机修间、修配厂车间入口处	当心机械伤人

续表

标志类型	几何图形与安全色	设置场所	内容
警告标志	黑色的正三角形,黑色符号和黄色背景	超过55°的斜梯	当心滑跌
		主要交通道口	当心车辆
		露天油库、汽车库、存储易燃、可燃品的仓库等处	当心火灾
		有可燃气体、爆炸物或爆炸性混合气体的场所	当心爆炸
指令标志	圆形,蓝色背景,白色图形符号	施工区入口处	必须戴安全帽
		密封区域施工	注意通风
提示标志	方形(增加辅助标志时可以是矩形),绿色背景,白色图形符号及文字	拌合楼	地点
		安全疏散通道	安全通道、太平门
		通往安全出口的疏散出口	安全出口
		通向安全出口的疏散路线上	疏散方向
		安全避险处所	避险区

18. A。本题考核的是大中型水利水电工程移民安置的有关规定。建设单位应当根据安置地区的环境容量和可持续发展的原则,因地制宜,编制移民安置规划,经依法批准后,由有关地方人民政府组织实施。

19. D。本题考核的是水利工程建设标准体系。水利技术标准包括国家标准、行业标准、地方标准、团体标准和企业标准。

20. B。本题考核的是超过一定规模的危险性较大的专项工程。超过一定规模的危险性较大的单项工程包括:

（1）深基坑工程

①开挖深度超过5m（含5m）的基坑（槽）的土方开挖、支护、降水工程。

②开挖深度虽未超过5m,但地质条件、周围环境和地下管线复杂,或影响毗邻建筑（构筑）物安全的基坑（槽）的土方开挖、支护、降水工程。

（2）模板工程及支撑体系

①工具式模板工程：包括滑模、爬模、飞模工程。

②混凝土模板支撑工程：搭设高度8m及以上；搭设跨度18m及以上；施工总荷载15kN/m² 及以上；集中线荷载20kN/m及以上。

③承重支撑体系：用于钢结构安装等满堂支撑体系,承受单点集中荷载700kg以上。

（3）起重吊装及安装拆卸工程

①采用非常规起重设备、方法,且单件起吊重量在100kN及以上的起重吊装工程。

②起重重量300kN及以上的起重设备安装工程；高度200m及以上内爬起重设备的拆除工程。

（4）脚手架工程

①搭设高度50m及以上的落地式钢管脚手架工程。

②提升高度150m及以上的附着式整体和分片提升脚手架工程。

③架体高度20m及以上的悬挑式脚手架工程。
（5）拆除、爆破工程
①采用爆破拆除的工程。
②可能影响行人、交通、电力设施、通信设施或其他建筑物、构筑物安全的拆除工程。
③在文物保护建筑、优秀历史建筑或历史文化风貌区控制范围的拆除工程。
（6）其他
①开挖深度超过16m的人工挖孔桩工程。
②地下暗挖工程、顶管工程、水下作业工程。
③采用新技术、新工艺、新材料、新设备及尚无相关技术标准的危险性较大的单项工程。
选项A、C、D属于达到一定规模的危险性较大的单项工程。

二、多项选择题

21．C、E；   22．A、B、D、E；   23．A、C、D、E；
24．A、D；   25．A、B、C、D；   26．D、E；
27．A、D；   28．A、C、D、E；   29．A、B、D、E；
30．B、C、D、E。

【解析】

21．C、E。本题考核的是水泥砂浆的技术指标。水泥砂浆技术指标包括流动性和保水性两个方面。流动性用沉入度表示。保水性可用泌水率表示，即砂浆中泌出水分的质量占拌合水总量的百分率。但工程上采用较多的是分层度这一指标。

22．A、B、D、E。本题考核的是渗透破坏的基本形式。渗透变形又称为渗透破坏，是指在渗透水流的作用下，土体遭受变形或破坏的现象。一般可分为管涌、流土、接触冲刷、接触流失四种基本形式。

23．A、C、D、E。本题考核的是高压喷射灌浆的基本方法。高压喷射灌浆三管法施工机械主要有台车、钻机、高压水泵、通用灌浆泵、搅拌机、空气压缩机、高压泥浆泵、清水泵等。

24．A、D。本题考核的是碾压时拌合料干湿度的控制。在碾压过程中，若振动碾压3~4遍后仍无灰浆泌出，混凝土表面有干条状裂纹出现，甚至有粗集料被压碎现象，则表明混凝土料太干，故选项A正确；若振动碾压1~2遍后，表面就有灰浆泌出，有较多灰浆黏在振动碾上，低档行驶有陷车情况，则表明拌合料太湿。在振动碾压3~4遍后，混凝土表面有明显灰浆泌出，表面平整、润湿、光滑，碾滚前后有弹性起伏现象，则表明混凝土料干湿适度。碾压混凝土的干湿度一般用VC值表示。VC值太小表示拌合太湿，振动碾易沉陷，难以正常工作。VC值太大表示拌合料太干，灰浆太少，集料架空，不易压实，故选项D正确。

25．A、B、C、D。本题考核的是安全电压照明器的使用。一般场所宜选用额定电压为220V的照明器，对下列特殊场所应使用安全电压照明器：（1）地下工程，有高温、导电灰尘，且灯具离地面高度低于2.5m等场所的照明，电源电压应不大于36V。（2）在潮湿和易触及带电体场所的照明电源电压不得大于24V。（3）在特别潮湿的场所、导电良好的地面、锅炉或金属容器内工作的照明电源电压不得大于12V。

26. D、E。本题考核的是水利稽察方式。水利稽察方式主要包括项目稽察和对项目稽察发现问题整改情况的回头看。项目稽察是水行政主管部门根据水利建设实际情况,对水利工程建设活动全过程进行监督检查。专项稽察是针对工程建设管理某重点环节或重要内容进行监督检查。"回头看"是现场检查被稽察单位对稽察发现问题的整改落实情况,同时对自上次稽察后建设管理情况和上次稽察时未抽查到的内容开展抽查。

27. A、D。本题考核的是水利工程建设项目建设程序。选项 B 错误,可行性研究报告阶段解决项目建设技术、经济、环境、社会可行性问题。选项 C 错误,水利工程建设项目按其功能和作用分为公益性、准公益性和经营性三类。选项 E 错误,各阶段工作实际开展时间可以重叠。

28. A、C、D、E。本题考核的是不良行为记录信息管理。不良行为记录信息根据不良行为的性质及社会危害程度分为:一般不良、较重不良和严重不良行为记录信息,三种,故选项 A 正确。对水利建设市场主体不良行为记录信息实行量化计分管理,量化计分结果是"重点关注名单""黑名单"认定和水利行业信用评价的重要依据。不良行为记录量化计分管理实行扣分制,故选项 B 错误。出现一般不良行为记录信息和较重不良行为记录信息的水利建设市场主体,可申请信用修复,故选项 C 正确。出现严重不良行为记录信息的水利建设市场主体不得申请信用修复。对信用状况良好且连续 3 年无不良行为记录的水利建设市场主体,可享受以下一项或多项激励或褒扬措施:(1) 在行政许可、市场准入中,可优先或加快办理、"容缺受理"或简化程序,故选项 E 正确。(2) 在招标过程中,可在评分标准中予以加分鼓励,可给予降低保证金比例、提高工程预付款比例等优惠。(3) 在资质管理中,可提供"绿色通道"、告知承诺等便利服务,故选项 D 正确。(4) 在日常监管中,可简化监管事项,适度减少检查频次。(5) 在评比表彰中,可优先考虑,可设置加分项。(6) 在政策试点、项目示范、行业创新等工作中,可给予重点支持和优先选择。(7) 在行业信用评价工作中,可设置加分项。(8) 在安全生产标准化达标评审工作中,可作为重要依据。(9) 在各级监管平台和政府网站信息发布工作中,可树立诚信典型,并大力推介。

29. A、B、D、E。本题考核的是水工程。水工程是指在江河、湖泊和地下水源上开发、利用、控制、调配和保护水资源的各类工程。《中国水利百科全书》将水利工程定义为对自然界的地表水和地下水进行控制和调配,以达到除害兴利的目的而修建的工程,并按服务对象分为防洪工程、农田水利工程(也称为排灌工程)、发电工程、航道及港口工程、城镇供水排水工程、环境水利工程、河道堤防和海堤工程、海涂围垦工程等,所以水工程就是水利工程。

30. B、C、D、E。本题考核的是工程项目划分。工程项目划分工程开工申报及施工质量检查,一般按单位工程、分部工程、分项工程、单元工程四级进行划分。

三、实务操作和案例分析题

(一)

1. 水工地下洞室除了平洞,还有:斜井、竖井。
倾角小于等于 6° 为平洞;倾角 6°~75° 为斜井;倾角大于等于 75° 为竖井。
2. F_1 为下游段隧洞开挖;F_2 为上游段隧洞开挖;

关键线路1：K→D→F_1→H→I→J（或①→②→④→⑥→⑦→⑧→⑨）；

关键线路2：C_1→E→F_2→H→I→J（或①→③→⑤→⑥→⑦→⑧→⑨）。

3. 事件2中承包人的要求不合理。

理由：导致塌方的原因是未及时支护，属于承包人自身原因。

4. L1：30m 或 5 倍洞径；L2：15m

5. 实际总工期 = 10+20+70+30+310+15+10+254+6 = 725d。

对比合同工期735d，提前10d。

发包人应支付承包人的费用：108+1.5×10=123万元。

（二）

1. 发包人要求采用招标方式确定南干渠隧洞工程承包人合理。

理由：南干渠隧洞估算投资1000万元，建设投资来源为国有投资，所以应当招标。

2. 南干渠隧洞工程设计开挖量 $V = SL = \pi \times \left(\dfrac{6}{2}\right)^2 \times 1000 = 28260 m^3$；

实际开挖量 $V = SL = \pi \times \left(\dfrac{6}{2} + 0.15\right)^2 \times 1000 = 31156.65 m^3$；

计量与支付采用的工程量：以设计开挖量计量。

3. 南干渠隧洞工程混凝土衬砌子目中：

水泥用量：12223.55×291=3557053.05kg（或=3557.05t）

砂用量：12223.55×0.52=6356.25m^3

4. 事件3中施工单位乙申请南干渠隧洞工程混凝土衬砌子目完工付款申请中的不妥之处及改正如下。

（1）不妥之处一：施工单位乙向监理人提交混凝土衬砌子目完工付款申请单。

改正：由施工单位甲向监理人提交混凝土衬砌子目完工付款申请单。

（2）不妥之处二：混凝土衬砌子目以实际衬砌工程量 12223.55m^3 计量。

改正：混凝土衬砌子目应以设计衬砌工程量 8635m^3 计量。

5. 属于施工单位甲的责任：（1）（3）（6）

属于施工单位乙的责任：（2）（4）

（三）

1. 消力池位于闸室的下游。

①、②、③的名称是：①代表中粗砂；②代表小石子；③代表大石子。

2. 事件1中的不妥之处及改正如下：

不妥之处一：监理机构组织编制了保证安全生产的措施方案；

不妥之处二：该方案经总监理工程师审核批准；

不妥之处三：工程开工后的第21个工作日报有管辖权的水行政主管部门备案。

改正：根据《水利工程建设安全生产管理规定》（水利部令第26号），项目法人应当组织编制保证安全生产的措施方案；该方案应自工程开工之日起15个工作日内报有管辖权的水行政主管部门备案。

3. 保证安全生产的措施方案还应包括：安全生产管理人员及特种作业人员等持证上岗

情况；生产安全事故的应急救援预案；工程度汛方案、措施等。

4. 生产安全事故等级：一般事故。

根据《生产安全事故报告和调查处理条例》（国务院令第 493 号）和水利部有关规定，施工单位负责人接到报告后，应当于 1h 内向事故发生地县级以上人民政府安全生产监督管理部门和水行政主管部门报告。

5. 根据《水利工程建设安全生产管理规定》（水利部令第 26 号），事件 2 中塔式起重机的垂直运输机械作业人员（或塔式起重机操作人员）、安装拆卸工、起重信号工等人员应取得特种作业操作资格证书。

（四）

1. 事件 1 中工程项目划分表及说明书申报程序的不妥之处：监理单位在主体工程开挖前将项目划分表及说明书报工程质量监督机构确认。

正确做法：项目法人（或建设单位）在主体工程开挖前将项目划分表及说明书报工程质量监督机构确认。

工程项目划分还应确定主要分部工程和重要隐蔽单元工程等主要内容。

渠道单位工程项目划分的原则：按照工程结构划分单位工程。

2. 渡槽预制施工流程中的工序名称：A—⑤，B—④，C—⑥，D—⑧，E—⑦，F—⑫，G—⑩。

3. 隧洞的洞室规模类别：小断面。

除自钻式注浆锚杆外，锚杆的主要类型还包括：全长粘结性锚杆、端头锚固形锚杆、摩擦型锚杆和预应力锚杆。

Ⅳ类围岩开挖循环进尺参数范围：一般控制在 2m 以内。

4. 根据分部工程优良率 70% 以上及外观质量得分率 85% 以上，单位工程质量等级 a：合格，b：优良，c：优良。

单位工程优良率 $d = 4/5 \times 100\% = 80\%$。

根据单位工程优良率 70% 以上，且主要单位工程全部优良（渡槽单位工程质量等级 a 为合格），该工程项目质量等级 e：合格。

5. 事件 4 中合同工程完工验收组织的不妥之处：监理单位主持了合同工程完工验收。

正确做法：项目法人（或建设单位）主持合同工程完工验收。

《合同工程完工验收鉴定书》分发备案的具体要求：《合同工程完工验收鉴定书》正本数量可按参加验收单位、质量和安全监督机构以及归档所需的份数确定。自验收鉴定书通过之日起 30 个工作日内，应由项目法人发送有关单位，并报送法人验收监督管理机关备案。

（五）

1. 事件 1 中 1、2、3、4 的名称分别是：1—支承钢架；2—花篮螺杆（可调节支撑）；3—行驶轮；4—轨道。

2. 压实度的计算如下：

盒 1 水的质量：$D - F = 52.34 - 44.96 = 7.38\text{g}$

盒 1 干土质量：$F - B = 44.96 - 13.4 = 31.56\text{g}$

盒1含水率：水的质量÷干土的质量=7.38÷31.56=23.38%

盒2水的质量：E-G=43.33-37.61=5.72g

盒2干土质量：G-C=37.61-13.21=24.40g

盒2含水率：水的质量÷干土的质量=5.72÷24.40=23.44%

平均含水率：（23.38%+23.44%）÷2=23.41%

干密度：湿密度÷(1+含水率)=1.95÷(1+23.41%)=1.58g/cm³

压实度：干密度÷最大干密度=1.58÷1.66=95.18%。

3. 钢筋检验除拉力试验外，还应进行冷弯试验。

钢筋拉伸试验的三个指标是屈服点、抗拉强度、伸长率。

4. 面板的施工主要包括混凝土面板的分块、垂直缝砂浆条铺设、钢筋架立、止水安装、面板混凝土浇筑、面板养护。

5. 事件4中有四项不妥之处，改正如下：

第（2）条不妥，改正：双面焊其搭接长度不应小于20mm；

第（6）条不妥，改正：振捣器不得触及止水片；

第（7）条不妥，改正：宜用黄铜焊条；

第（8）条不妥，改正：应抽样用煤油做渗透检验。

6. 本工程质量保修书中的主要内容有：（1）合同工程完工验收情况；（2）质量保修的范围和内容；（3）质量保修期；（4）质量保修责任；（5）质量保修费用。

2022 年度全国一级建造师执业资格考试

《水利水电工程管理与实务》

真题及解析

学习遇到问题？
扫码在线答疑

2022 年度《水利水电工程管理与实务》真题

一、单项选择题（共 20 题，每题 1 分。每题的备选项中，只有 1 个最符合题意）

1. 测量土石方开挖工程量，两次独立测量的差值小于 5%时，可以作为最后工程量的是（　　）值。
   A. 大数　　　　　　　　　　　　　B. 中数
   C. 小数　　　　　　　　　　　　　D. 重测

2. 五类环境条件下的闸墩，其混凝土保护层最小厚度是（　　）mm。
   A. 30　　　　　　　　　　　　　　B. 40
   C. 50　　　　　　　　　　　　　　D. 60

3. 建筑物级别为 2 级的水闸，其闸门的合理使用年限为（　　）年。
   A. 30　　　　　　　　　　　　　　B. 50
   C. 80　　　　　　　　　　　　　　D. 100

4. 用于均质土坝的土料，其有机质含量（按重量计）最大不超过（　　）。
   A. 5%　　　　　　　　　　　　　　B. 6%
   C. 7%　　　　　　　　　　　　　　D. 8%

5. 图 1 为某挡土墙底板扬压力示意图。该挡土墙底板单位宽度的扬压力为（　　）kN（水的重度 $\gamma = 10 kN/m^3$）。

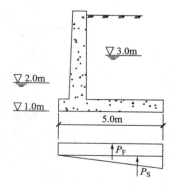

图 1　挡土墙底板扬压力示意图

1

A. 25 B. 50
C. 75 D. 100

6. 利用水跃消能称为（   ）。
   A. 面流消能 B. 水垫消能
   C. 挑流消能 D. 底流消能

7. 可以提高岩体的整体性和抗变形能力的灌浆称为（   ）。
   A. 固结灌浆 B. 接触灌浆
   C. 接缝灌浆 D. 回填灌浆

8. 面板堆石坝的过渡区位于（   ）之间。
   A. 主堆石区与下游堆石区 B. 上游面板与垫层区
   C. 垫层区与主堆石区 D. 下游堆石区与下游护坡

9. 关于型号为"HL 220—LJ—500"水轮机的说法，正确的是（   ）。
   A. 转轮型号为 220 的混流式水轮机 B. 转轮型号为 500 的混流式水轮机
   C. 水轮机的比转数为 500γ/min D. 水轮机的转轮直径为 220cm

10. 坠落高度为 20m 的高处作业级别为（   ）。
    A. 一级 B. 二级
    C. 三级 D. 四级

11. 实施水利工程建设项目代建制时，施工招标的组织方为（   ）。
    A. 项目法人 B. 代建单位
    C. 代建合同约定的单位 D. 招标代理机构

12. 根据《水利建设项目稽察常见问题清单（2021 年版）》（办监督〔2021〕195号），稽察发现质量管理制度未建立，可以认定问题性质为（   ）。
    A. 特别严重 B. 严重
    C. 较重 D. 一般

13. 根据《水利工程合同监督检查办法（试行）》（办监督〔2020〕124 号），签订的劳务合同不规范问题属于（   ）合同问题。
    A. 一般 B. 较重
    C. 严重 D. 特别严重

14. 承包人违法分包导致合同解除，对已经完成的质量合格建设工程，工程价款应（   ）。
    A. 全部支付 B. 部分支付
    C. 折价补偿 D. 不支付

15. 根据《水利工程建设质量与安全生产监督检查办法（试行）》（办监督〔2020〕124 号），质量缺陷分类中不包括（   ）。
    A. 一般质量缺陷 B. 较重质量缺陷
    C. 严重质量缺陷 D. 特别严重缺陷

16. 水利工程施工场地安全标志中，指令标志的背景颜色为（   ）。
    A. 红色 B. 白色
    C. 蓝色 D. 黄色

17. 根据《大中型水电工程建设风险管理规范》GB/T 50927—2013，某风险发生的可能性等级是"偶尔",损失严重性等级是"严重",则该风险评价等级为（　　）级。
A. Ⅰ
B. Ⅱ
C. Ⅲ
D. Ⅳ

18. 根据《水电建设工程质量监督检查大纲》,质量监督的工作方式一般为（　　）。
A. 巡视检查
B. 抽查
C. 驻点
D. 飞检

19. 水利工程建设项目档案验收前,项目法人应组织参建单位编制（　　）报告。
A. 档案抽检
B. 档案自检
C. 档案评估
D. 档案审核

20. 根据《水利工程建设监理规定》（水利部令第28号）和《水利工程施工监理规范》SL 288—2014,负责审批分部工程开工申请报告的是（　　）。
A. 总监理工程师
B. 监理工程师
C. 监理员
D. 副总监理工程师

二、**多项选择题**（共10题,每题2分。每题的备选项中,有2个或2个以上符合题意,至少有1个错项。错选,本题不得分;少选,所选的每个选项得0.5分）

21. 下列水库大坝建筑物级别可提高一级的有（　　）。
A. 坝高120m的2级混凝土坝
B. 坝高95m的2级土石坝
C. 坝高100m的2级浆砌石坝
D. 坝高75m的3级土石坝
E. 坝高95m的3级混凝土坝

22. 土石坝渗流分析的主要内容是确定（　　）。
A. 渗透压力
B. 渗透坡降
C. 渗流量
D. 浸润线位置
E. 扬压力

23. 启闭机试验包括（　　）试验。
A. 空运转
B. 空载
C. 动载
D. 静载
E. 超载

24. 关于钢筋接头的说法,错误的有（　　）。
A. 构件受拉区绑扎钢筋接头截面面积不超过受力钢筋总截面面积的50%
B. 构件受压区绑扎钢筋接头截面面积不超过受力钢筋总截面面积的50%
C. 受弯构件受拉区焊接钢筋接头截面面积不超过受力钢筋总截面面积的50%
D. 受弯构件受压区焊接钢筋接头截面面积不超过受力钢筋总截面面积的25%
E. 焊接与绑扎接头距钢筋弯起点不小于10d,也不应位于最大弯矩处

25. 关于堤防填筑作业的说法,正确的有（　　）。
A. 筑堤工作开始前,必须按设计要求对堤基进行清理
B. 地面起伏不平时,应由低至高顺坡铺土填筑
C. 堤防横断面上地面坡陡于1:5时,应将地面坡度削至缓于1:5
D. 相邻作业堤段间出现高差,应以斜坡面相接,坡度应缓于1:3
E. 堤防碾压行走方向,应垂直于堤轴线

26. 根据《水利工程责任单位责任人质量终身责任追究管理办法（试行）》（水监督

〔2021〕335号），责任人为注册执业人员的，可能的责任追究方式有（　　）。
    A. 责令停止执业1年　　　　　　B. 吊销执业资格证书
    C. 3年内不予注册　　　　　　　D. 罚款
    E. 责令辞职

27. 根据《水利建设工程文明工地创建管理办法》（水精〔2014〕3号），一个文明建设工地可以按（　　）申报。
    A. 一个工程项目　　　　　　　　B. 一个标段
    C. 一个单位工程　　　　　　　　D. 几个标段联合
    E. 一个单项工程

28. 水利水电工程建设项目竣工环境保护验收中，建设单位组织成立验收工作组的，工作组成员应包括（　　）代表。
    A. 设计单位　　　　　　　　　　B. 施工单位
    C. 质量监督机构　　　　　　　　D. 环境影响报告书（表）编制机构
    E. 验收监测（调查）报告编制机构

29. 根据砌体工程计量与支付规则，下列费用中，发包人不另行支付的有（　　）。
    A. 砂浆　　　　　　　　　　　　B. 混凝土预制块
    C. 止水设施　　　　　　　　　　D. 埋设件
    E. 拉结筋

30. 关于水利水电工程施工相关法规的说法，正确的有（　　）。
    A. 水资源属于国家所有
    B. 农村集体组织的水塘的水实行取水许可制度
    C. 禁止在水工程保护范围内施工
    D. 禁止在泥石流易发区从事挖砂、取土活动
    E. 移民安置工作由项目法人负责组织实施

三、实务操作和案例分析题（共5题，（一）、（二）、（三）题各20分，（四）、（五）题各30分）

（一）

背景资料：

某大（2）型节制闸工程共26孔，每孔净宽10m。施工采用分期导流，导流围堰为斜墙带铺盖式土石结构，断面型式示意图如图2所示。

工程施工过程中发生如下事件：

事件1：施工单位选用振动碾对围堰填筑土石料进行压实，其中黏土斜墙的设计干密度为1.71g/cm³，土料最优含水率击实最大干密度为1.80g/cm³。

事件2：根据水利部《水利工程生产安全重大事故隐患判定标准（试行）》（水安监〔2017〕344号），项目法人在组织有关单位进行生产安全事故隐患排查时发现：
    （1）施工单位设置了安全生产管理机构，仅配备了兼职安全生产管理人员；
    （2）闸基坑开挖未按批准的专项施工方案施工；
    （3）部分新入职人员未进行安全教育和培训；
    （4）降水管井反滤层损坏，抽出带泥砂的浑水。

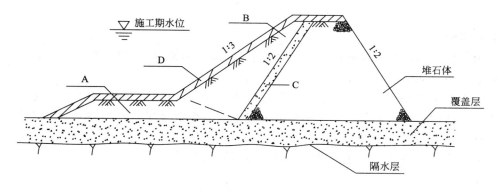

图 2　导流围堰断面型式示意图

事件 3：闸上工作桥为现浇混凝土梁板结构，施工单位在梁板混凝土强度达到设计强度标准值的 65% 时，即拆除模板进行启闭机及闸门安装，造成某跨混凝土梁断裂，启闭机坠落，3 人死亡，5 人重伤。

问题：

1. 根据背景资料，判定本工程导流围堰的建筑物级别，并指出图 2 中 A、B、C、D 所代表的构造名称。

2. 根据事件 1，除碾压机具的重量、土料含水率外，土料填筑压实参数还包括哪些？黏土斜墙的压实度为多少（以百分数表示，计算结果保留到小数点后 1 位）？

3. 事件 2 中可以直接判定为重大事故隐患的情形有哪些（可用序号表示）？

4. 根据《水利部生产安全事故应急预案》（水监督〔2021〕391 号），生产安全事故共分为哪几个等级？事件 3 中的事故等级为哪一级？按混凝土设计强度标准值的百分率计，工作桥梁板拆模的标准是多少？

（二）

背景资料：

某枢纽鱼道布置于节制闸左岸，鱼道总长642m。鱼道进、出口附近均设置控制闸门，鱼道池室采用箱涵和整体U型槽结构两种型式。

发包人与承包人根据《水利水电工程标准施工招标文件》（2009年版）签订了施工合同。工程实施前，承包人根据《水利水电工程施工组织设计规范》SL 303—2017编制施工组织设计，其部分内容如下：

（1）经监理机构批准的施工进度计划网络图如图3所示。

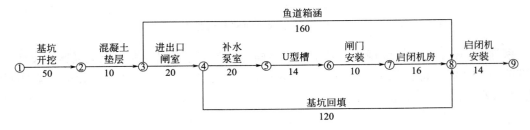

图3 施工进度计划网络图（单位：d）

（2）当日平均气温连续5d稳定低于0℃以下或最低气温连续5d稳定低于-5℃以下时，开始按低温季节组织混凝土施工。预热混凝土制备，首先考虑加热集料，不能满足要求时方可考虑热水，仍不能满足要求时，再考虑加热胶凝材料。

（3）施工临时用水量按照日高峰生产和生活用水量，加上消防用水量计算。

（4）施工临时用电包括：基坑排水、混凝土制备、混凝土浇筑、木材加工厂、钢筋加工厂、空压站等主要设备用电。现场设置一个电源，就近从高压10kV线路接入工地。

工程施工进入冬季遭遇了合同约定的异常恶劣的气候条件，监理机构下达暂停施工指令，造成鱼道箱涵、进出口闸室两项工作均推迟30d完成。承包人按照索赔程序向发包人提出了30d的工期索赔。

问题：

1. 指出图3的关键线路、计算工期。
2. 改正施工组织设计文件内容（2）（3）中的不妥之处。
3. 指出施工组织设计文件内容（4）中的不妥之处，说明理由。
4. 指出承包人提出的工期索赔要求是否合理，说明理由。

（三）

背景资料：

某水利枢纽工程施工招标文件根据《水利水电工程标准施工招标文件》（2009年版）编制。在招标及合同实施期间发生了以下事件：

事件1：评标结束后，招标人未能在投标有效期内完成定标工作。招标人通知所有投标人延长投标有效期。投标人甲拒绝延长投标有效期。为此，招标人通知投标人甲，其投标保证金不予退还。

事件2：评标委员会依序推荐投标人乙、丙、丁为中标候选人并经招标人公示。在公示期间查实投标人乙存在影响中标结果的违法行为。招标人据此取消了投标人乙的中标候选人资格，并按照评标委员会提出的中标候选人排序确定投标人丙为中标人。

事件3：评标公示结束后，招标人与投标人丙（以下称施工单位丙）签订施工总承包合同。本合同相关合同文件详见表1，各合同文件解释合同的优先次序序号分别为一至八。

表1 合同文件解释合同的优先次序

文件编号	文件名称	优先次序序号
1	协议书	一
2	图纸	
3	技术标准和要求	
4	中标通知书	
5	通用合同条款	
6	投标函及投标函附录	
7	专用合同条款	
8	已标价工程量清单	八

事件4：开工后施工单位丙按照《保障农民工工资支付条例》规定开设农民工工资专用账户，工程完工后，申请注销农民工工资专用账户。

问题：

1. 事件1中，招标人不退还投标人甲投标保证金的做法是否妥当？说明理由。投标保证金不予退还的情形有哪些？
2. 事件2中，招标人取消投标人乙的中标资格并确定投标人丙为中标人，应履行什么程序？除背景资料所述情形外，取消第一中标候选人资格的情形还有哪些？
3. 事件3表1中，文件编号2~7分别对应的解释合同的优先次序序号是多少？
4. 事件4中，农民工工资专用账户的用途是什么？申请注销农民工工资专用账户的条件有哪些？申请注销后其账户内的余额归谁所有？

(四)

背景资料：

某水利工程水库总库容 $0.64\times10^8 m^3$，大坝为碾压混凝土坝，最大坝高 58m。在右岸布置一条导流隧洞，采用土石围堰一次拦断河床的导流方案。施工期间发生如下事件：

事件1：施工单位编制了施工导流方案，确定了导流建筑物结构型式和施工技术措施。其中上游围堰采用黏土心墙土石围堰，设计洪水位 159m，波浪高度 0.3m；导流隧洞长 320m，洞径 4m，穿越Ⅱ、Ⅲ、Ⅴ类围岩，对穿越Ⅱ类围岩的洞段不支护，其他洞段均进行支护。

事件2：围堰填筑前，监理工程师对心墙填筑料和堰壳填筑料的渗透系数进行了抽样检测，心墙填筑料的渗透系数为 1.0×10^{-4} cm/s，堰壳填筑料的渗透系数为 1.7×10^{-3} cm/s。监理工程师要求施工单位更换填筑料。

事件3：导流隧洞施工完成且具备过流条件，项目法人根据《水利水电建设工程验收规程》SL 223—2008 阶段验收的基本要求，向阶段验收主持单位提出了阶段验收申请报告。验收主持单位在收到申请报告后第 25 个工作日决定同意阶段验收，并成立了由验收主持单位和有关专家参加的阶段验收委员会。

事件4：施工单位编制了碾压混凝土施工方案，采用 RCC 工法施工，碾压厚度 75cm，碾压前通过碾压试验确定碾压参数。在碾压过程中，采用核子密度仪测定碾压混凝土的湿密度和压实度，对碾压层的均匀性进行控制。

问题：

1. 根据背景资料，判别工程的规模、等别及碾压混凝土坝和围堰的建筑物级别。
2. 根据施工期挡、泄水建筑物的不同，一次拦断河床围堰导流程序可分为哪几个阶段？
3. 根据事件1，计算上游围堰的堰顶高程。分别提出与Ⅲ、Ⅴ类围岩相适应的支护类型。
4. 根据事件2，判定监理工程师提出更换哪个部位的填筑料？说明理由。
5. 指出事件3中的不妥之处，说明理由。除阶段验收主持单位和有关专家外，阶段验收委员会的组成还应包括哪些人员？
6. 指出事件4中的不妥之处，说明理由。碾压参数包含哪些内容？采用核子密度仪测定湿密度和压实度时，对检测点布置和数量以及检测时间有什么要求？

(五)

背景资料:

某施工单位承担行蓄洪区治理工程中的排涝泵站、堤防加固、河道土方开挖(含疏浚)施工。排涝泵站设计流量180m³/s,安装6台立式轴流泵,泵站布置清污机桥、进水池、主泵房及出水池等。主泵房基础采用C35预制钢筋混凝土方桩、高压旋喷桩防渗墙处理。泵站纵剖面示意图如图4所示。工程施工过程中发生了如下事件:

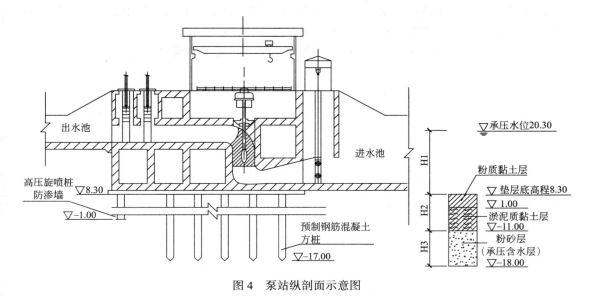

图4 泵站纵剖面示意图

事件1:工程施工过程中完成了如下工作:①老堤加高培厚;②进水流道层;③高压旋喷桩防渗墙;④出水池底板;⑤清污机桥;⑥电机层;⑦水泵层;⑧清污机安装;⑨联轴层;⑩钢筋混凝土方桩;⑪进水池;⑫厂房。

事件2:施工单位对承压水突涌的稳定性进行计算分析,判断是否需要对承压水采取降压措施。计算中不考虑桩基施工对土体的影响,安全系数取1.10,土体的天然重度γ_s为18kN/m³,水的天然重度$\gamma_水$为10kN/m³。

事件3:河道土方开挖施工过程中,因疏浚区内存在水上开挖土方,疏浚工程采用分层施工。

事件4:进水池施工完成后,监理工程师对进水池底板混凝土的强度及抗渗性能有异议,建设单位委托具有相应资质等级的第三方质量检测机构进行了检测,检测费用20万元,检测结果为合格。

事件5:堤防加固主要工程内容为堤防加高培厚,预制混凝土块护坡。堤防加固分部工程验收结论为:本分部工程共划分为40个单元工程,单元工程全部合格,其中28个单元工程达到优良等级,主要单元工程以及重要隐蔽单元工程(关键部位单元工程)质量优良率为90%。

问题:

1.根据事件1,指出属于主泵房相关工作的施工顺序(用工作编号和箭头表示如

②→）。

2. 根据事件2，计算并判断本工程是否需要采取降低承压水措施（计算结果保留到小数点后2位）。

3. 根据《堤防工程施工规范》SL 260—2014，指出老堤加高培厚土方施工的主要施工工序。

4. 疏浚工程中，除事件3中所列情形外，还有哪些情形采取分层施工？分层施工应遵循的原则是什么？

5. 事件4中，检测费用应由谁支付？根据《水利水电工程单元工程施工质量验收评定标准 混凝土工程》SL 632—2012，一般采用哪些方法进行检测？

6. 根据事件5，按照该分部工程的质量等级为优良，完善该验收结论。

2022 年度真题参考答案及解析

一、单项选择题

1. B； 2. D； 3. B； 4. A； 5. C；
6. D； 7. A； 8. C； 9. A； 10. C；
11. C； 12. C； 13. B； 14. A； 15. D；
16. C； 17. B； 18. A； 19. B； 20. B。

【解析】

1. B。本题考核的是开挖工程测量。两次独立测量同一区域的开挖工程量的差值小于5%（岩石）和7%（土方）时，可取中数作为最后值。

2. D。本题考核的是混凝土保护层最小厚度。混凝土保护层最小厚度详见表2。

表 2 混凝土保护层厚度

序号	构件类别	环境类别				
		一	二	三	四	五
1	板、墙	20	25	30	45	50
2	梁、柱、墩	30	35	45	55	60
3	截面厚度不小于2.5m的底板及墩墙	—	40	50	60	65

3. B。本题考核的是工程合理使用年限。穿堤建筑物应不低于所在堤防永久性水工建筑物级别。1级、2级永久性水工建筑物中闸门的合理使用年限应为50年，其他级别的永久性水工建筑物中闸门的合理使用年限应为30年。

4. A。本题考核的是建筑材料的应用条件。土坝（体）壳用土石料，常用于均质土坝的土料是砂质黏土和壤土，要求其应具有一定的抗渗性和强度，其渗透系数不宜大于1×10^{-4}cm/s；黏料含量一般为10%~30%；有机质含量（按重量计）不大于5%，易溶盐含量小于5%。

5. C。本题考核的是扬压力的计算。扬压力由渗透压力和浮托力组成。

渗透压力 $= \frac{1}{2} \times (3-2) \times 10 \times 5 = 25$kN。

浮托力 $= (2-1) \times 10 \times 5 = 50$kN。

扬压力 $= 50+25 = 75$kN。

6. D。本题考核的是水流消能。底流消能是利用水跃消能，将泄水建筑物泄出的急流转变为缓流，以消除多余动能的消能方式。

7. A。本题考核的是固结灌浆。固结灌浆是用浆液灌入岩体裂隙或破碎带，以提高岩体的整体性和抗变形能力的灌浆。帷幕灌浆是用浆液灌入岩体或土层的裂隙、孔隙，形成防水幕，以减小渗流量或降低扬压力的灌浆。回填灌浆是用浆液填充混凝土与围岩或混凝

11

土与钢板之间的空隙和孔洞，以增强围岩或结构的密实性的灌浆。接缝灌浆是通过埋设管路或其他方式将浆液灌入混凝土坝体的接缝，以改善传力条件增强坝体整体性的灌浆。

8. C。本题考核的是面板堆石坝的结构布置。面板堆石坝的结构布置如图 5 所示。

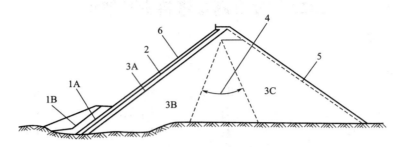

图 5 面板堆石坝的结构布置

1A—上游铺盖区；1B—压重区；2—垫层区；3A—过渡区；3B—主堆石区；3C—下游堆石区；
4—主堆石区和下游堆石区的可变界限；5—下游护坡；6—混凝土面板

9. A。本题考核的是水轮机的型号。HL220—LJ—500，表示转轮型号为 220 的混流式水轮机，立轴，金属蜗壳，转轮直径为 500cm。

10. C。本题考核的是高处作业。凡在坠落高度基准面 2m 和 2m 以上有可能坠落的高处进行作业，均称为高处作业。

高处作业的级别：高度在 2~5m 时为一级高处作业；高度在 5~15m 时为二级高处作业；高度在 15~30m 时为三级高处作业；30m 以上时为特级高处作业。

11. C。本题考核的是代建制。代建单位可根据代建合同约定，对项目的勘察、设计、监理、施工和设备、材料采购等依法组织招标，不得以代建为理由规避招标。

12. C。本题考核的是项目稽察问题的认定。根据工作深度认定稽察问题：如某项管理制度未建立、未编制等认定为"较重"，制度不健全、内容不完整、缺少针对性等认定为"一般"。注：现行文件为《水利建设项目稽察常见问题清单（2023 年版）》（办监督〔2023〕194 号）。

13. B。本题考核的是合同问题。对于较重合同问题，项目法人方面主要有：未按要求严格审核分包人有关资质和业绩证明材料。

施工单位方面主要有以下：

（1）签订的劳务合同不规范。

（2）未按分包合同约定计量规则和时限进行计量。

（3）未按分包合同约定及时、足额支付合同价款。

14. A。本题考核的是承包人违约引起的合同解除。《中华人民共和国民法典》第六百零六条规定，承包人将建设工程转包、违法分包的，发包人可以解除合同，合同解除后已经完成的建设工程质量合格的，发包人应当按照合同约定支付相应的工程价款。

15. D。本题考核的是质量缺陷的类型。质量缺陷分为一般质量缺陷、较重质量缺陷和严重质量缺陷。

16. C。本题考核的是指令标志。指令标志是强制人们必须做出某种动作或采取防范措施。指令标志的几何图形是圆形，蓝色背景，白色图形符号。蓝色传递必须遵守规定的指令性信息。

17. B。 本题考核的是风险等级标准。将建设项目风险发生可能性等级与风险损失严重性等级组合后,水利水电工程建设风险评价等级分为四级,其风险等级标准的矩阵符合表3规定。

表3　风险等级标准的矩阵

序号	可能性等级	损失等级				
		A	B	C	D	E
		轻微	较大	严重	很严重	灾难性
1	不可能	Ⅰ级	Ⅰ级	Ⅰ级	Ⅱ级	Ⅱ级
2	可能性极小	Ⅰ级	Ⅰ级	Ⅱ级	Ⅱ级	Ⅲ级
3	偶尔	Ⅰ级	Ⅱ级	Ⅱ级	Ⅲ级	Ⅳ级
4	有可能	Ⅰ级	Ⅱ级	Ⅲ级	Ⅲ级	Ⅳ级
5	经常	Ⅱ级	Ⅲ级	Ⅲ级	Ⅳ级	Ⅳ级

18. A。 本题考核的是水电建设工程质量监督检查。根据《水电建设工程质量监督检查大纲》有关要求,质量监督一般采取巡视检查的工作,巡视检查主要分为:(1)阶段性质量监督检查;(2)专项质量监督检查;(3)随机抽查质量监督检查。

19. B。 本题考核的是档案专项验收。项目法人在项目档案专项验收前,应组织参建单位对项目文件的收集、整理、归档与档案保管、利用等进行自检,并形成档案自检报告。自检达到验收标准后,向验收主持单位提出档案专项验收申请。

20. B。 本题考核的是监理工程师的职责。监理工程师的职责之一:审批分部工程或分部工程部分工作的开工申请报告、施工措施计划、施工质量缺陷处理措施计划。

二、多项选择题

21. B、D;　　　　　22. A、B、C、D;　　　　　23. A、B、C、D;
24. A、D;　　　　　25. A、C、D;　　　　　　　26. A、B、D;
27. A、B、D;　　　　28. A、B、D、E;　　　　　29. A、C、D、E;
30. A、D。

【解析】

21. B、D。 本题考核的是水工建筑物级别划分。水利枢纽工程水库大坝按规定为2级、3级的永久性水工建筑物,如坝高超过表4指标,其级别可提高一级,但洪水标准可不提高。

表4　水库大坝等级指标

级别	坝型	坝高(m)
2	土石坝	90
	混凝土坝、浆砌石坝	130
3	土石坝	70
	混凝土坝、浆砌石坝	100

22. A、B、C、D。 本题考核的是水工建筑物渗流分析。渗流分析主要内容有:确定渗

透压力；确定渗透坡降（或流速）；确定渗流量。对土石坝，还应确定浸润线的位置。

23. A、B、C、D。本题考核的是启闭机试验。启闭机试验分为：空运转试验，启闭机出厂前，在未安装钢丝绳和吊具的组装状态下进行的试验；空载试验，启闭机在无荷载状态下进行的运行试验和模拟操作；动载试验，启闭机在 1.1 倍额定荷载状态下进行的运行试验和操作，主要目的是检查起升机构、运行机构和制动器的工作性能；静载试验，启闭机在 1.25 倍额定荷载状态下进行的静态试验和操作，主要目的是检验启闭机各部件和金属结构的承载能力。

24. A、D。本题考核的是钢筋接头的一般要求。钢筋接头应分散布置，并应遵守下列规定：

(1) 配置在同一截面内的下述受力钢筋，其接头的截面面积占受力钢筋总截面面积的百分率应满足下列要求：

① 闪光对焊、熔槽焊、接触电渣焊、窄间隙焊、气压焊接头在受弯构件的受拉区，不超过 50%，受压区不受限制。

② 绑扎接头，在构件的受拉区不超过 25%，在受压区不超过 50%。

③ 机械连接接头，其接头分布应按设计文件规定执行，没有要求时，在受拉区不宜超过 50%；在受压区或装配式构件中钢筋受力较小部位，Ⅰ级接头不受限制。

(2) 若两根相邻的钢筋接头中距小于 500mm，或两绑扎接头的中距在绑扎搭接长度以内，均作为同一截面处理。

(3) 施工中分辨不清受拉区或受压区时，其接头的分布按受拉区处理。

(4) 焊接与绑扎接头距钢筋弯起点不小于 10d，也不应位于最大弯矩处。

25. A、C、D。本题考核的是堤身填筑作业面的要求。选项 B 错误，地面起伏不平时，应按水平分层由低处开始逐层填筑，不得顺坡铺填。选项 E 错误，碾压行走方向，应平行于堤轴线。

26. A、B、D。本题考核的是责任人质量终身责任追究管理。符合下列情形之一的，县级以上人民政府水行政主管部门应当依法追究责任单位、责任人的质量终身责任：

(1) 发生工程质量事故；

(2) 发生投诉、举报、群体性事件、媒体负面报道等情形，并造成恶劣社会影响的严重工程质量问题；

(3) 由于勘察、设计或施工原因造成尚在合理使用年限内的水利工程不能正常使用或在洪水防御、抗震等设计标准范围内不能正常发挥作用；

(4) 存在其他需追究责任的违法违规行为。

发生上述所列情形之一的，对相关责任单位、责任人按以下方式进行责任追究：

(1) 责任人为依法履行公职的人员，将违法违规相关材料移交其上级主管部门及纪检监察部门。

(2) 责任人为相关注册执业人员的，责令停止执业 1 年；造成重大质量事故的，吊销执业资格证书，5 年以内不予注册；情节特别恶劣的，终身不予注册。

(3) 依照有关规定，给予单位罚款处罚的，对责任人处单位罚款数额 5% 以上 10% 以下的罚款。

(4) 涉嫌犯罪的，移送司法机关。

27. A、B、D。本题考核的是文明工地的申报。申报文明工地的项目，原则上是以项目建设管理单位所管辖的一个工程项目或其中的一个或几个标段为单位的工程项目（或标段）为一个文明建设工地。

28. A、B、D、E。本题考核的是环保设施验收。验收工作组可以由设计单位、施工单位、环境影响报告书（表）编制机构、验收监测（调查）报告编制机构等单位代表以及专业技术专家等组成，代表范围和人数自定。

29. A、C、D、E。本题考核的是计量支付。

（1）砌筑工程的砂浆、拉结筋、垫层、排水管、止水设施、伸缩缝、沉降缝及埋设件等费用，包含在《工程量清单》相应砌筑项目有效工程量的每立方米工程单价中，发包人不另行支付。

（2）承包人按合同要求完成砌体建筑物的基础清理和施工排水等工作所需的费用，包含在《工程量清单》相应砌筑项目有效工程量的每立方米工程单价中，发包人不另行支付。

注：《工程量清单》是指《水利水电工程标准施工招标文件》（2009年版），合同文件中已标价工程量清单。

30. A、D。本题考核的是《中华人民共和国水法》的规定。选项 B 错误，《中华人民共和国水法》第七条规定，国家对水资源依法实行取水许可制度和有偿使用制度。但是农村集体经济组织及其成员使用本集体经济组织的水塘、水库中的水除外。选项 C 错误，《中华人民共和国水法》第四十三条规定，在水工程保护范围内，禁止从事影响水工程运行和危害水工程安全的爆破、打井、采石、取土等活动。选项 E 错误，《中华人民共和国土地管理法》第五十一条规定，建设单位应当根据安置地区的环境容量和可持续发展的原则，因地制宜，编制移民安置规划，经依法批准后，由有关地方人民政府组织实施。所需移民经费列入工程建设投资计划。《大中型水利水电工程建设征地补偿和移民安置条例》指出，移民安置工作实行政府领导、分级负责、县为基础、项目法人参与的管理体制。

三、实务操作和案例分析题

（一）

1. 工程导流围堰的建筑物级别为 4 级。

图 2 中 A、B、C、D 所代表的构造名称分别为：A—水平铺盖；B—黏土斜墙；C—反滤层；D—护面。

2. 除碾压机具的重量、土料含水率外，土料填筑压实参数还包括：碾压遍数、铺料厚度、振动碾的振动频率及行走速率。

黏土斜墙的压实度为：（1.71÷1.80）×100%＝95%。

3. 可直接判定重大事故隐患的有：（1）、（2）、（4）项。

4. 根据《水利部生产安全事故应急预案》（水监督〔2021〕391号），生产安全事故共分为：特别重大事故、重大事故、较大事故、一般事故 4 个等级；事件 3 中的事故等级为较大事故。

工作桥梁板混凝土强度应达到设计强度标准值的 100% 方可拆模。

（二）

1. 施工进度计划网络图中的关键线路为①→②→③→⑧→⑨，工期为 50＋10＋160＋

14 = 234d。

2. 对施工组织设计文件内容（2）（3）中不妥之处的改正如下：

改正一：

（2）当日平均气温连续5d稳定在5℃以下或最低气温连续5d稳定在-3℃以下时，按低温季节组织混凝土施工。预热混凝土制备，首先考虑热水拌合，不能满足要求时可考虑加热集料，胶凝材料不应直接加热。

改正二：

（3）施工临时用水量，按照日高峰生产和生活用水量计算，按消防用水量校核。

3. 施工组织设计文件内容（4）中的不妥之处：现场设置一个电源。

理由：基坑排水主要设备为一类负荷，故工地应设两个以上电源（或自备电源）。

4. 承包人提出的工期索赔合理。

理由：异常恶劣的气候条件下应合理延长工期。鱼道箱涵工作为关键工作。

（三）

1. （1）事件1中，招标人不退还投标人甲投标保证金的做法不妥。

理由：投标人甲拒绝延长投标有效期有权收回投标保证金或（招标人无权没收投标保证金）。

（2）投标保证金不予退还的情形：投标人在规定的投标有效期内撤销或修改其投标文件；中标人在收到中标通知书后，无正当理由拒签合同协议书或未按招标文件规定提交履约担保。

2. 事件2中，招标人取消投标人乙第一中标候选人资格并确定投标人丙为中标人，应当有充足的理由，并按照项目管理权限向行政主管部门备案。

取消第一中标候选人资格的情形还有：排名第一的中标候选人放弃中标、因不可抗力不能履行合同、不提交履约担保、被查实存在影响中标结果的违法行为。

3. 事件3中，文件编号2~7分别对应的解释合同的优先次序序号是：2—七、3—六、4—二、5—五、6—三、7—四。

4. 开设农民工工资专用账户，专项用于支付该工程建设项目农民工工资。

申请注销农民工工资专用账户的条件：工程完工，未拖欠农民工工资，公示30日后，可以提出申请。

申请注销后账户内的余额归施工单位丙所有。

（四）

1. 工程的规模、等别及碾压混凝土坝和围堰的建筑物级别的判别如下。

（1）工程规模：中型；

（2）工程等别：Ⅲ等；

（3）碾压混凝土坝级别：3级；

（4）围堰级别：5级。

2. 根据施工期挡、泄水建筑物的不同，一次拦断河床围堰导流程序可分为初期、中期和后期导流三个阶段。

3. 围堰堰顶安全加高下限值为0.5m，则围堰堰顶高程=159+0.3+0.5=159.8m。

与Ⅲ类围岩适应的支护类型：喷混凝土、系统锚杆加钢筋网。

与Ⅴ类围岩适应的支护类型：管棚、喷混凝土、系统锚杆、钢构架，必要时进行二次支护。

4. 监理工程师应提出更换心墙填筑料。

理由：防渗体土料渗透系数不宜大于 $1.0×10^{-5}$ cm/s。

5. 事件3中的不妥之处：第25个工作日决定同意阶段验收。

理由：验收主持单位应自收到验收申请报告之日起20个工作日内决定是否同意进行阶段验收。

除阶段验收主持单位和有关专家外，阶段验收委员会的组成还应包括：质量和安全监督机构、运行管理单位的代表。

6. 事件4中的不妥之处：碾压厚度75cm。

理由：RCC工法碾压厚度通常为30cm。

碾压参数包含：碾压遍数及振动碾行走速度。

采用核子密度仪测定湿密度和压实度时，对检测点布置和数量以及检测时间的要求：每铺筑碾压混凝土 $100\sim200m^2$，至少应有一个检测点，每层应有3个以上检测点，检测宜在压实后1h内进行。

（五）

1. 主泵房相关工作的施工顺序：⑩→③→②→⑦→⑨→⑥→⑫。

2. 对工程是否需要采取降低承压水措施的计算及判断如下。

$$K = \frac{H_2 \times r_s}{(H_1 + H_2) \times r_水}$$

$$= \frac{19.3 \times 18}{(12 + 19.3) \times 10}$$

$$= 1.11$$

大于安全系数1.10，不需要降低承压水。

3. 老堤加高培厚土方施工的主要施工工序：

（1）清除接触面杂物（或清理建基面）；

（2）老堤坡处挖成台阶状；

（3）分层铺土（或分层填筑）；

（4）分层压实。

4. 除事件3所列情形外，疏浚工程应分层施工的情形还有：

（1）疏浚区泥层厚度大于挖泥船一次可能疏挖的厚度；

（2）工程对边坡质量要求较高（或复式边坡）；

（3）疏浚区垂直方向土质变化较大，（或需更换挖泥机具，或对不同土质存放有不同要求）；

（4）合同要求分期达到设计深度。

分层施工应遵循的原则：上层厚、下层薄。

5. 对进水池底板混凝土的强度及抗渗性能的检测费用由建设单位（或甲方或项目法人）支付。

检测方法包括：无损检查法、钻孔取芯、压水试验。

6. 对分部工程验收结论的完善：原材料质量合格，中间产品质量全部合格，混凝土（砂浆）试件质量达到优良等级（当试件组数小于 30 时，试件质量合格），未发生质量事故。

2021年度全国一级建造师执业资格考试

《水利水电工程管理与实务》

真题及解析

学习遇到问题？
扫码在线答疑

2021年度《水利水电工程管理与实务》真题

一、单项选择题（共20题，每题1分。每题的备选项中，只有1个最符合题意）

1. 吹填工程施工时，适宜采用顺流施工法的船型是（　　）。
   A. 抓斗船　　　　　　　　B. 链斗船
   C. 铲斗船　　　　　　　　D. 绞吸船

2. 关于混凝土坝水力荷载的说法，正确的是（　　）。
   A. 扬压力分布图为矩形
   B. 坝基设置排水孔可以降低扬压力
   C. 水流流速变化时，对坝体产生动水压力
   D. 设计洪水时的静水压力属于偶然作用荷载

3. 水泥砂浆的流动性用（　　）表示。
   A. 沉入度　　　　　　　　B. 坍落度
   C. 分层度　　　　　　　　D. 针入度

4. 均质土围堰填筑材料渗透系数不宜大于（　　）cm/s。
   A. $1×10^{-2}$　　　　　　B. $1×10^{-3}$
   C. $1×10^{-4}$　　　　　　D. $1×10^{-5}$

5. 防渗墙质量检查程序除墙体质量检查外，还有（　　）质量检查。
   A. 工序　　　　　　　　　B. 单元工程
   C. 分部工程　　　　　　　D. 单位工程

6. 图1为土料压实作用外力示意图（p压力，t时间），对应的碾压设备是（　　）。
   A. 气胎碾
   B. 夯板
   C. 振动碾
   D. 强夯机

   图1　土料压实作用外力示意图

7. 工程等别为Ⅱ等的水电站工程，其主要建筑物与次要建筑物的级别分别为（　　）。
   A. 1级、2级　　　　　　　B. 2级、3级
   C. 3级、4级　　　　　　　D. 4级、5级

8. 混凝土铺料允许间隔时间是指（　　）。

A. 混凝土初凝时间
B. 混凝土自拌合楼出机口到覆盖上层混凝土为止的时间
C. 混凝土自拌合到开始上层混凝土铺料的时间
D. 混凝土入仓铺料完成的时间

9. 下列普通钢筋的表示方式中，表示机械连接的钢筋接头的是（　　）。

A. 　B.

C. 　D.

10. 疏浚工程完工验收后，项目法人与施工单位完成工程交接工作的时间应控制在（　　）个工作日内。
A. 7　　　　　　　　　　B. 14
C. 30　　　　　　　　　 D. 60

11. 根据《水电工程建筑工程概算定额》（2007年版），基本直接费包括（　　）。
A. 人工费、材料费、施工机械使用费、现场经费
B. 人工费、材料费、施工机械使用费
C. 人工费、材料费、施工机械使用费、利润
D. 人工费、材料费、设备费、施工管理费

12. 纳入水利PPP项目库的项目，其项目合作期不低于（　　）年。
A. 5　　　　　　　　　　B. 6
C. 8　　　　　　　　　　D. 10

13. 根据《水利建设市场主体信用评价管理办法》（水建设〔2019〕307号），信用等级为A的企业，其信用状况为（　　）。
A. 信用良好　　　　　　 B. 信用较好
C. 信用好　　　　　　　 D. 信用很好

14. 水利工程档案保管期限分为（　　）种。
A. 二　　　　　　　　　 B. 三
C. 四　　　　　　　　　 D. 五

15. 水利工程见证取样资料应由（　　）制备。
A. 项目法人　　　　　　 B. 监理单位
C. 施工单位　　　　　　 D. 质量监督部门

16. 水库防洪库容是指防洪限制水位与（　　）之间的水库容积。
A. 校核洪水位　　　　　 B. 设计洪水位
C. 正常蓄水位　　　　　 D. 防洪高水位

17. 根据《水利工程施工监理规范》SL 288—2014，监理机构对土方试样平行检测的数量不应少于承包人检测数量的（　　）。
A. 3%　　　　　　　　　B. 5%
C. 7%　　　　　　　　　D. 10%

18. 根据《水工建筑物滑动模板施工技术规范》SL 32—2014，运输人员的提升设备所使用钢丝绳的安全系数不应小于（　　）。

A. 3 B. 5
C. 8 D. 12

19. 根据《水利水电工程施工质量检验与评定规程》SL 176—2007，中型水利工程外观质量评定组人数不应少于（　　）人。
    A. 3 B. 5
    C. 7 D. 9

20. 根据《水电水利工程施工监理规范》DL/T 5111—2012，第一次工地会议由（　　）主持。
    A. 总监理工程师
    B. 总监理工程师和业主联合
    C. 总监理工程师、业主、设计联合
    D. 总监理工程师、业主、设计、施工联合

二、多项选择题（共10题，每题2分。每题的备选项中，有2个或2个以上符合题意，至少有1个错项。错选，本题不得分；少选，所选的每个选项得0.5分）

21. 下列地形图比例尺中，属于中比例尺的有（　　）。
    A. 1∶500 B. 1∶2000
    C. 1∶25000 D. 1∶50000
    E. 1∶250000

22. 属于土石坝坝面作业施工工序的有（　　）等。
    A. 整平 B. 洒水
    C. 压实 D. 质检
    E. 剔除超径石块

23. 关于土石坝施工的说法，正确的有（　　）。
    A. 进占法时，自卸汽车与推土机不在同一高程
    B. 后退法时，自卸汽车与推土机在同一高程
    C. 垫层料的摊铺宜采用后退法
    D. 堆石料碾压采用羊脚碾
    E. 石料粒径不应超过压实层厚度

24. 截流工程施工时，可改善龙口水力条件的措施有（　　）。
    A. 单戗截流 B. 双戗截流
    C. 三戗截流 D. 宽戗截流
    E. 平抛垫底

25. 关于混凝土浇筑与养护的说法，正确的有（　　）。
    A. 施工缝凿毛处理是将混凝土表面乳皮清除，使表面石子半露
    B. 平铺法铺料厚度不小于20cm
    C. 台阶法铺料厚度不小于30cm
    D. 斜层浇筑法斜层坡度不大于15°
    E. 混凝土养护时间不宜少于14d

26. 水利建设项目后评价的主要内容包括（　　）等。
    A. 过程评价 B. 质量评价

C. 经济评价 D. 社会影响评价
E. 综合评价

27. 根据《水利工程建设质量与安全生产监督检查办法（试行）》（办监督〔2020〕124号），对需要进行质量问题性质认定的质量缺陷，可采取的鉴定方法包括（　　）。
A. 常规鉴定 B. 委托鉴定
C. 权威鉴定 D. 平行鉴定
E. 第三方鉴定

28. 根据《水利部关于印发〈水利工程勘测设计失误问责办法（试行）〉的通知》（水总〔2020〕33号），对责任单位的问责方式包括（　　）等。
A. 书面检查 B. 责令整改
C. 警示约谈 D. 通报批评
E. 建议责令停业整顿

29. 关于水利工程安全鉴定说法，正确的有（　　）。
A. 水闸首次安全鉴定应在竣工验收后5年内进行
B. 水闸安全类别划分为三类
C. 大坝安全类别划分为三类
D. 水库蓄水验收前，必须进行蓄水安全鉴定
E. 水库蓄水安全鉴定，由工程验收单位组织实施

30. 根据《大中型水利水电工程建设征地补偿和移民安置条例》（国务院令第471号），关于水利水电工程征地补偿和移民安置的说法，正确的有（　　）。
A. 移民安置采取前期补偿、补助与后期扶持相结合的办法
B. 移民安置工作实行项目法人责任制
C. 属于国家重点扶持的项目，其用地可以以划拨方式取得
D. 土地补偿费和安置补助费与铁路项目同等标准
E. 征地补偿费直接全额兑付给移民

三、实务操作和案例分析题（共5题，（一）、（二）、（三）题各20分，（四）、（五）题各30分）

（一）

背景资料：

某水电枢纽工程包括混凝土面板堆石坝、溢洪道、地下厂房等，其中混凝土面板堆石坝坝高208m，坝顶全长630m，水库总库容$85×10^8m^3$。堆石坝坝体分区示意图如图2所示。

施工单位编制了施工组织设计，有关内容和要求如下：

1. 堆石坝坝体填筑料中的堆石材料应满足抗压强度等方面质量要求。
2. 现场通过碾压试验确定碾压机具的重量等坝体填筑压实参数。
3. 各分区坝料压实后检查项目和取样频次应符合相关规范要求。
4. 为确保面板施工质量，围绕混凝土面板分块、垂直砂浆条铺设、止水片安装等主要作业内容进行相应组织和安排。

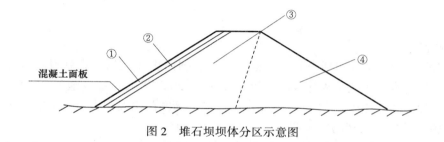

图 2　堆石坝坝体分区示意图

问题：

1. 分别指出图 2 中①、②、③、④对应的坝体分区名称。
2. 除抗压强度外，堆石材料的质量要求还涉及哪些方面？
3. 除碾压机具的重量外，堆石坝坝体填筑的压实参数还包括哪些？
4. 堆石坝中堆石料的压实检查项目有哪些？相应取样频次是如何规定的？
5. 除背景资料所列内容外，混凝土面板施工的主要作业内容还有哪些？

(二)

背景资料：

某水库除险加固工程包括土石坝加固、溢洪道闸门更换及相关设施设备改造。发包人与承包人依据《水利水电工程标准施工招标文件》（2009年版）签订施工合同，合同约定：（1）合同工期240d，2018年10月15日开工；（2）新闸门由发包人负责采购，2019年4月10日运抵施工现场，新闸门安装调试于2019年5月15日完工。

由承包人编制并经监理人批准的施工进度计划如图3所示（单位：d；每月按30d计；节点①最早时间按2018年10月14日末计）。

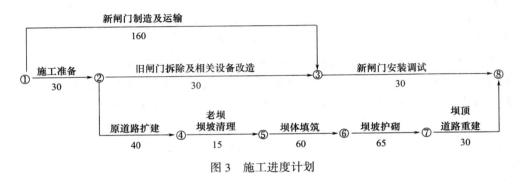

图3 施工进度计划

施工中发生了如下事件：

事件1：由于征地拆迁未按合同约定时间完成，导致"老坝坝坡清理"于2019年1月25日才能开始。为保证安全度汛，监理人要求承包人采取赶工措施，确保工程按期完成。承包人为此提出了土石坝加固后续工作的赶工方案：

第一步，将"坝体填筑"和"坝坡护砌"各划分为2个施工段组织流水施工，按施工段Ⅰ、施工段Ⅱ依次进行，各工作持续时间详见表1，其他工作逻辑关系不变。

第二步，按照费用增加最少原则，根据表1进行工期优化，其他工作均不做调整。承包人向监理人提交了调整后的进度计划及赶工措施，报监理人审批后实施。

表1 土石坝加固后续工作时间—赶工费用

工作代码	工作名称	持续时间(d)	最短持续时间(d)	赶工费用(万元/d)
B	老坝坝坡清理	15	15	—
C1	坝体填筑Ⅰ	35	34	1.5
C2	坝体填筑Ⅱ	25	23	1
D1	坝坡护砌Ⅰ	35	33	2.5
D2	坝坡护砌Ⅱ	30	29	2
E	坝顶道路重建	30	28	1.8

事件2：新闸门于2019年3月18日运抵施工现场，有关人员进行了交货检查和验收，核对了制造厂名和产品名称等闸门标志内容。承包人负责新闸门的保管，新闸门提前运抵现场期间发生保管费用3万元。

事件3：为保证闸门安装调试工作顺利进行，在闸门及埋件安装前，承包人按有关规范要求核验了设计图样、施工图样和技术文件；发货清单、到货验收文件及装配编号图等资料。

问题：
1. 根据事件1，绘制优化后的土石坝加固后续工作的施工进度网络计划图（用工作代码表示），计算赶工费用。
2. 综合事件1、2，承包人可向发包人提出的补偿金额是多少？说明理由。
3. 事件2中，除制造厂名和产品名称外，新闸门标志内容还应有哪些？
4. 除事件3所列核验资料外，承包人还应核验哪些资料？

(三)

背景资料：

某水库枢纽工程包括混凝土重力拱坝（坝高71m）、导流洞（洞径8m，长度1350m）。本工程施工划分为导流洞、大坝两个标段，招标代理机构根据《水利水电工程标准施工招标文件》（2009年版）编制了招标文件。在招标及实施期间发生了以下事件：

事件1：招标代理机构初步拟定的招标工作计划详见表2。

表2 招标工作计划

序号	工作事项	时间节点
1	发售招标文件	2018年4月6日至4月9日
2	发出招标文件澄清修改通知	2018年4月12日
3	递交投标文件截止时间	2018年4月23日上午10:00
4	开标	2018年4月23日下午3:00

事件2：招标代理机构拟定了投标人资质及业绩要求：大坝标段投标人资质要求为水利水电工程施工总承包一级及以上，导流洞标段投标人资质要求为水利水电工程施工总承包二级及以上；投标人近5年内完成的类似项目业绩至少有两项，并提供相关业绩证明材料。

事件3：对导流洞标段进行合同检查过程中，检查单位根据《水利工程合同监督检查办法（试行）》（办监督〔2020〕124号），发现下列问题：（1）承包人派驻施工现场的主要管理人员中，财务负责人和质量负责人不是本单位人员。（2）导流洞衬砌劳务分包商除计取劳务作业费用外，还计取了钢筋、水泥、砂石料费用和混凝土拌合运输费用。

问题：

1. 指出表2中时间节点的错误之处（以招标文件发售开始时间为准），说明理由。
2. 指出事件2中资质要求的错误之处，说明理由。投标人业绩应附哪些证明材料？
3. 根据水利工程施工分包管理相关规定，事件3中检查单位发现的两个问题分别属于哪种违法行为？说明理由。
4. 水利工程合同问题按严重程度分为哪几类？事件3中检查单位发现的合同问题（2）属于其中哪一类？

（四）

背景资料：

某水利枢纽工程包括大坝、溢洪道、厂房等，大坝施工期上下游设土质围堰。施工过程中发生了如下事件：

事件1：某雨天施工过程中，一名工人从15m高处坠落到地面，当场死亡。事故发生后，施工单位根据《水利部生产安全事故应急预案》（水监督〔2021〕391号）规定，立即向有关单位电话报告了事故发生时间、具体地点、事故已造成人员伤亡、失踪人数等情况。经调查，工人佩戴的安全带皮带接头断裂，系因施工前未对安全带的皮带等部位进行检查所致；施工单位作业前没有按施工安全管理相关规定制订有关高处作业专项安全技术措施。

事件2：施工期间，民爆公司炸药配送车行驶到该工程工区内时出现机械故障，施工单位随即安排汽车将炸药倒运至大坝填筑料场爆破作业面。根据汽车运输爆破器材相关规定，运输爆破器材的汽车，排气管应设在车前下侧，并设置防火罩等装置，工区内行驶时速不超过15km。

事件3：根据工程施工总进度计划安排，围堰施工及运行期为3年。根据《大中型水电工程建设风险管理规范》GB/T 50927—2013，风险处置方法选用的原则详见表3，施工单位评估了围堰施工的风险并为围堰工程购买了保险。

表3　大中型水电工程建设风险处置方法应采用的原则

序号	风险损失程度	风险发生概率	风险处置方法
1	损失大	概率大	D
2	损失小	概率大	E
3	损失大	概率小	F
4	损失小	概率小	G
5	有利于工程项目目标的风险		H

问题：

1. 指出事件1中高处作业所属的级别、种类及具体类别。根据施工安全管理相关规定，哪些级别和类别的高处作业应事先制订专项安全技术措施？

2. 事件1中，除皮带外，安全带检查还包括哪些内容？安全带的检查试验周期是如何规定的？

3. 除事件1所列内容外，事故电话快报还应包括哪些内容？判断该起事故的等级。

4. 根据汽车运输爆破器材相关规定，除事件2所列内容外，对行车速度和行车间距还有哪些具体规定？

5. 写出事件3中D、E、F、G、H分别代表的风险处置方法。针对围堰工程，施工单位采取的是哪种风险处置方法？

（五）

背景资料：

某泵站工程主要由泵房、进出水建筑物及拦污栅闸等组成，泵房底板底高程为13.50m，泵房底板靠近出水池侧设高压喷射灌浆防渗墙，启闭机房悬臂梁跨度为1.5m，交通桥连续梁跨度8m。

该工程地面高程31.00m，基坑采用放坡开挖，施工单位采取了设置合理坡度等防止边坡失稳的措施，泵房基坑开挖示意图如图4所示。粉砂层渗透系数约为2.0m/d。

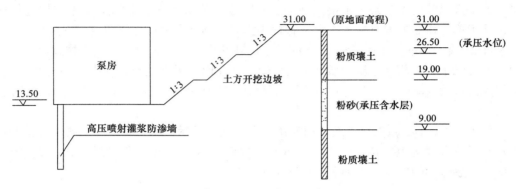

图4　泵房基坑开挖示意图（单位：m）

高压喷射灌浆防渗墙施工完成后，施工单位根据《水利水电工程单元工程施工质量验收评定标准—地基处理与基础工程》SL 633—2012对高压喷射灌浆防渗墙单孔的施工质量逐孔进行了施工质量等级评定，并经过监理单位审核签字，其单元工程施工质量验收评定表（部分）详见表4。

表4　高压喷射灌浆防渗墙单元工程施工质量验收评定表（部分）

单位工程名称	××				单元工程量			××		
分部工程名称	××				施工单位			××		
单元工程名称、部位	××				施工日期			×年×月×日—×年×月×日		
孔号	1	2	3	4	5	6	7	8	9	10	…
单孔（桩、墙）质量验收评定等级	优良	合格	优良	优良	优良	合格	优良	优良	合格	优良	…
本单元工程内共有40孔，全部合格，其中优良28孔，优良率A%											
<u>B</u>	1	设计要求28d无侧限抗压强度大于1.0MPa，实际检测1.2MPa									
	2	设计要求渗透系数小于$5×10^{-6}$cm/s，实际检测$3.5×10^{-6}$cm/s									
施工单位自评意见	<u>B</u>符合<u>C</u>要求，40孔（桩、槽）100%合格，其中优良孔占<u>A</u>% 单元工程质量等级评定为<u>D</u> （签字、加盖公章）×年×月×日										

2019年5月30日，进行了泵站单位工程验收，验收依据为《水利水电建设工程验收规程》SL 223—2008。在验收过程中发生了如下事件：

（1）项目法人委托监理单位主持泵站的单位工程验收。

(2) 验收工作组由项目法人、勘测、设计、监理、施工、主要设备制造（供应）商、运行管理等单位的代表组成，还邀请了上述单位以外的专家参加。

(3) 项目法人提前13d向质量和安全监督机构送达了泵站单位工程验收的通知，验收时现场未见质量和安全监督机构工作人员。

(4) 泵站单位工程验收后，项目法人在规定的时间内将验收质量结论和相关资料报质量和安全监督机构进行了核备。

问题：

1. 在基坑施工中为防止边坡失稳，保证施工安全，除设置合理坡度外，还可采取的措施有哪些？

2. 水利工程基坑土方开挖中，人工降低地下水位常用的方式有哪些？本工程泵房基坑人工降低地下水位采用哪种方式较合理？说明理由。

3. 高压喷射灌浆防渗墙的防渗性能检查通常采用哪些方法？分别说明其适用条件。

4. 指出表4中A、B、C、D分别代表的内容或数字。

5. 根据《水工混凝土施工规范》SL 677—2014，分别写出拦污栅闸墩侧面模板、启闭机房悬臂梁底模板、交通桥连续梁底模板拆除的期限。

6. 指出泵站单位工程验收中的错误之处，并提出正确做法。

2021 年度真题参考答案及解析

一、单项选择题

1. A；	2. B；	3. A；	4. C；	5. A；
6. A；	7. B；	8. B；	9. D；	10. C；
11. B；	12. D；	13. B；	14. B；	15. C；
16. D；	17. B；	18. D；	19. B；	20. B。

【解析】

1. A。本题考核的是吹填工程的施工方法。疏浚工程宜采用顺流开挖方式。吹填工程施工除抓斗船采用顺流施工法外，其他船型应采用逆流施工法。

2. B。本题考核的是混凝土坝水力荷载的规定。扬压力分布图形按三种情况确定，不是只有矩形，故选项 A 错误。水流流速和方向改变时，对建筑物过流面产生动水压力，故选项 C 错误。可变作用荷载包括：静水压力、扬压力、动水压力、水锤压力、浪压力、外水压力、风荷载、雪荷载、冰压力、冻胀力、温度荷载、土壤孔隙水压力、灌浆压力等；偶然作用荷载包括：地震作用、校核洪水位时的静水压力，故选项 D 错误。

3. A。本题考核的是水泥砂浆的技术指标。水泥砂浆的技术指标包括流动性和保水性两个方面。流动性常用沉入度表示。

4. C。本题考核的是土石围堰填筑材料要求。土石围堰填筑材料应符合下列要求：（1）均质土围堰填筑材料渗透系数不宜大于 1×10^{-4} m/s；防渗体土料渗透系数不宜大于 1×10^{-5} m/s。（2）心墙或斜墙土石围堰堰壳填筑料渗透系数宜大于 1×10^{-3} cm/s，可采用天然砂卵石或石渣。（3）围堰堆石体水下部分不宜采用软化系数值大于 0.7 的石料。

5. A。本题考核的是防渗墙质量检查。防渗墙质量检查程序应包括工序质量检查和墙体质量检查。

6. A。本题考核的是压实机械。本题中土料压实作用外力示意图为静压碾压，碾压设备有羊角碾、气胎碾。

7. B。本题考核的是永久性水工建筑物级别。水库及水电站工程的永久水工建筑物的级别，根据工程的等别或永久性水工建筑物的分级指标划分为五级，见表 5。

表 5 永久水工建筑物级别

工程等别	主要建筑物	次要建筑物	工程等别	主要建筑物	次要建筑物
Ⅰ	1	3	Ⅳ	4	5
Ⅱ	2	3	Ⅴ	5	5
Ⅲ	3	4	—		

8. B。本题考核的是铺料间隔时间的含义。混凝土铺料允许间隔时间，指混凝土自拌

合楼出机口到覆盖上层混凝土为止的时间，主要受混凝土初凝时间和混凝土温控要求的限制。

9. D。本题考核的是普通钢筋的表示方法。选项 A 为半圆形弯钩的钢筋搭接；选项 B 为带直钩的钢筋搭接；选项 C 为无弯钩的钢筋搭接。

10. C。本题考核的是疏浚工程质量控制。疏浚工程完工验收后，项目法人应与施工单位在 30 个工作日内由专人负责工程的交接工作，交接过程应有完整的文字记录，双方交接负责人签字。

11. B。本题考核的是基本直接费的内容。基本直接费包括人工费、材料费和施工机械使用费。

12. D。本题考核的是水利 PPP 项目库中项目合作期。项目合作期低于 10 年及没有现金流，或通过保底承诺、回购安排等方式违法违规融资、变相举债的项目、不纳入 PPP 项目库。

13. B。本题考核的是水利建设市场主体信用等级评价。信用等级分为 AAA（信用很好）、AA（信用良好）、A（信用较好）、B（信用一般）和 C（信用较差）等五级。

14. B。本题考核的是水利工程档案保管期限。水利工程档案的保管期限分为永久、长期、短期三种。长期档案的实际保存期限，不得短于工程的实际寿命。

15. C。本题考核的是见证取样资料的制备。见证取样资料由施工单位制备，记录应真实齐全，参与见证取样人员应在相关文件上签字。

16. D。本题考核的是防洪库容的概念。防洪库容指防洪高水位至防洪限制水位之间的水库容积。调洪库容指校核洪水位至防洪限制水位之间的水库容积。兴利库容指正常蓄水位至死水位之间的水库容积。

17. B。本题考核的是施工实施阶段监理工作的基本内容。监理机构可采用跟踪检测、平行检测方法对承包人的检验结果进行复核。平行检测的检测数量，混凝土试样不应少于承包人检测数量的 3%，重要部位每种标号的混凝土最少取样 1 组；土方试样不应少于承包人检测数量的 5%；重要部位至少取样 3 组；跟踪检测的检测数量，混凝土试样不应少于承包人检测数量的 7%，土方试样不应少于承包人检测数量的 10%。

18. D。本题考核的是混凝土工程施工技术要求。施工升降机应有可靠的安全保护装置，运输人员的提升设备的钢丝绳的安全系数不应小于 12，同时，应设置两套互相独立的防坠落保护装置，形成并联的保险。极限开关也应设置两套。

19. B。本题考核的是新规程有关施工质量评定工作的组织要求。单位工程完工后，项目法人组织监理、设计、施工及工程运行管理等单位组成工程外观质量评定组，进行工程外观质量检验评定并将评定结论报工程质量监督机构核定。参加工程外观质量评定的人员应具有工程师以上技术职称或相应执业资格评定组人数应不少于 5 人，大型工程宜不少于 7 人。

20. B。本题考核的是第一次工地会议的主持。第一次工地会议由总监理工程师和业主联合主持召开，邀请承建单位的授权代表和设计方代表参加，必要时也可邀请主要分包单位代表参加。

二、多项选择题

21. C、D；　　　　　22. A、B、C、D；　　　　　23. C、E；

24. B、C、D、E； 25. A、C； 26. A、C、D、E；
27. A、C； 28. B、C、D、E； 29. A、C、D；
30. A、C、D。

【解析】

21. C、D。本题考核的是地图的比例尺及比例尺精度。地形图比例尺分为三类：1∶500、1∶1000、1∶2000、1∶5000、1∶10000为大比例尺地形图；1∶25000、1∶50000、1∶100000为中比例尺地形图；1∶250000、1∶500000、1∶1000000为小比例尺地形图。

22. A、B、C、D。本题考核的是土石坝坝面作业施工工序。根据施工方法、施工条件及土石料性质的不同，坝面作业施工程序包括铺料、整平、洒水、压实（对于黏性土料采用平碾，压实后尚需刨毛以保证层间结合的质量）、质检等工序。

23. C、E。本题考核的是坝体填筑施工要求。坝体堆石料铺筑宜采用进占法，必要时可采用自卸汽车后退法与进占法结合卸料，应及时平料，并保持填筑面平整，每层铺料后宜测量检查铺料厚度，发现超厚应及时处理。后退法的优点是汽车可在压平的坝面上行驶，减轻轮胎磨损；缺点是推土机摊平工作量大，且影响施工进度，故选项A、B错误。垫料层的摊铺多用后退法，以减轻物料的分离，故选项C正确。坝体堆石料碾压应采用振动平碾，羊角碾属于静压碾压设备，故选项D错误。石料粒径不应超过压实层厚度，故选项E正确。

24. B、C、D、E。本题考核的是改善龙口水力条件。龙口水力条件是影响截流的重要因素，改善龙口水力条件的措施有双戗截流、三戗截流、宽戗截流、平抛垫底等。

25. A、C。本题考核的是混凝土浇筑与养护。在新混凝土浇筑前，应当采用适当的方法（高压水枪、风沙枪、风镐、钢刷机、人工凿毛等）将老混凝土表面含游离石灰的水泥膜（乳皮）清除，并使表层石子半露，形成有利于层间结合的麻面。对纵缝表面可不凿毛，但应冲洗干净，以利灌浆，故选项A正确。平铺法和台阶法铺料厚度30～50cm，故选项B错误，选项C正确。斜层浇筑法斜层坡度不超过10°，故选项D错误。混凝土养护时间，不宜少于28d，有特殊要求的部位宜延长养护时间（至少28d），故选项E错误。

26. A、C、D、E。本题考核的是项目后评价的主要内容。项目后评价的主要内容：（1）过程评价：前期工作、建设实施、运行管理等。（2）经济评价：财务评价、国民经济评价等。（3）社会影响及移民安置评价：社会影响和移民安置规划实施及效果等。（4）环境影响及水土保持评价：工程影响区主要生态环境、水土流失问题、环境保护、水土保持措施执行情况、环境影响情况等。（5）目标和可持续性评价：项目目标的实现程度及可持续性的评价等。（6）综合评价：对项目实施成功程度的综合评价。

27. A、C。本题考核的是水利工程建设质量监督检查。对需要进行质量问题鉴定的质量缺陷，可进行常规鉴定或权威鉴定。

28. B、C、D、E。本题考核的是水利工程勘测设计失误对责任单位的问责方式。水利工程勘测设计失误对责任单位的问责方式包括：（1）责令整改。（2）警示约谈。（3）通报批评。（4）建议责令停业整顿。（5）建议降低资质等级。（6）建议吊销资质证书。

29. A、C、D。本题考核的是水利工程安全鉴定。水闸首次安全鉴定应在竣工验收后

5年内进行，以后应每隔10年进行一次全面安全鉴定，故选项 A 正确。水闸安全类别划分为四类，故选项 B 错误。大坝（包括永久性挡水建筑物以及与其配合运用的泄洪、输水和过船等建筑物）安全状况分为三类，故选项 C 正确。在水库蓄水验收前，必须进行蓄水安全鉴定，故选项 D 正确。蓄水安全鉴定由项目法人负责组织实施，故选项 E 错误。

30. A、C、D。本题考核的是水利水电工程征地补偿和移民安置的有关规定。国家实行开发性移民方针，采取前期补偿、补助与后期扶持相结合的办法，使移民生活达到或者超过原有水平，故选项 A 正确。移民安置工作实行政府领导、分级负责、县为基础、项目法人参与的管理体制，故选项 B 错误。属于国家重点扶持的水利、能源基础设施的大中型水利水电工程建设项目，其用地可以以划拨方式取得，故选项 C 正确。大中型水利水电工程建设征收土地的土地补偿费和安置补助费，实行与铁路等基础设施项目用地同等补偿标准，按照被征收土地所在省、自治区、直辖市规定的标准执行，故选项 D 正确。大中型水利水电工程建设项目用地，应当依法申请并办理审批手续，实行一次报批、分期征收，按期支付征地补偿费，故选项 E 错误。

三、实务操作和案例分析题

（一）

1. 图 2 中①、②、③、④对应的坝体分区名称分别为：①—垫层区；②—过渡区；③—主堆石区；④—次堆石区（或下游堆石区）。

2. 除抗压强度外，堆石材料的质量要求还涉及：硬度、天然重度、软化系数（抗风化能力）、碾压后的密实度和内摩擦角、具有一定渗透能力（渗透性）。

3. 除碾压机具的重量外，堆石坝坝体填筑的压实参数还包括行车速率、铺料厚度、加水量和碾压遍数。

4. 堆石料的压实检查项目包括：干密度、孔隙率、颗粒级配。
取样频次为：1 次/（5000~50000m³）。

5. 混凝土面板施工的主要工作内容除背景材料所列内容外，还包括模板安装、钢筋架立、面板混凝土浇筑、面板养护。

（二）

1. 优化后的土石坝加固后续工作的施工进度网络计划如图 5 所示：

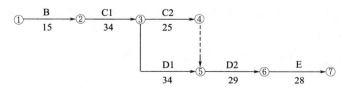

图 5 优化后的施工进度网络计划

根据表 1，工作 C1 压缩 1d，工作 D1 压缩 1d，工作 D2 压缩 1d，工作 E 压缩 2d。则赶工费用 = 1.5×1（C1）+ 2.5×1（D1）+ 2×1（D2）+ 1.8×2（E）= 9.6 万元。

2. 综合事件1、2，承包人可向发包人提出补偿金额：9.6+3=12.6万元。

理由：

（1）征地拆迁是发包人义务，由此造成的延期，赶工费用应由发包人承担。

（2）新闸门提前运抵属于发包人违约，保管费应由发包人承担。

3. 除制造厂名和产品名称外，新闸门标志内容还应有：生产许可证标志及编号、制造日期、闸门中心位置和总重量。

4. 除事件3所列核验资料外，承包人还应核验的资料有：（1）闸门出厂合格证。（2）闸门制造验收资料和出厂检验资料。（3）闸门制造竣工图。（4）安装用控制点位置图。

（三）

1. 表2中时间节点的错误之处及理由如下：

（1）错误之处：招标文件发售期只有4日。

理由：招标文件发售期不得少于5日。

（2）错误之处：招标文件澄清修改通知距开标时间只有12d。

理由：招标文件澄清修改通知一般在投标截止时间15d前发出，不影响投标文件实质性编制的除外。

（3）错误之处：递交投标文件截止时间自发出招标文件至开标时间只有18日。

理由：自招标文件开始发出之日起至投标人提交投标文件截止不得少于20日。

（4）错误之处：递交投标文件截止时间与开标时间不一致。

理由：投标截止时间与开标时间应当为同一时间。

2. 事件2中资质要求的错误之处：导流洞标段投标人资质要求错误。

理由：二级企业只能承担规模范围为洞径小于8m且长度小于1000m水工隧洞（或本标段资质应为水利水电工程施工总承包一级资质）。

投标人业绩证明材料包括：中标通知书、合同协议书、合同工程完工证书（或工程接收证书或竣工验收证书或竣工验收鉴定书）。

3. 事件3中检查单位发现的两个问题违法行为的判定及理由如下：

问题（1）属于借用他人资质（或以他人名义）承揽工程。

理由：承包单位派驻施工现场的主要管理负责人中部分人员不是本单位人员的，认定为出借或借用他人资质承揽工程。

问题（2）属于违法分包。

理由：劳务作业分包单位除计取劳务作业费用外，还计取主要建筑材料款和大中型机械设备费用的，认定为违法分包。

4. 水利工程合同问题按严重程度分为一般合同问题、较重合同问题、严重合同问题、特别严重合同问题四种。

检查单位发现的问题（2）属于特别严重合同问题。

（四）

1. 事件1中高处作业所属的级别为三级，种类为特殊高处作业，具体类别为雨天高处作业。

根据施工安全管理相关规定，进行三级、特级、悬空高处作业，应事先制订专项安全技术措施。

2. 事件1中，除皮带外，安全带检查的内容还有：绳索、销口。

安全带检查试验周期的规定有：每次使用前均应检查；新带使用一年后抽样试验；旧带每隔6个月抽查试验一次。

3. 除事件1所列内容外，事故电话快报内容还有：事故发生单位名称、地址、负责人姓名、联系方式、失联人数、损失情况。

该起事故等级：一般事故。

4. 除事件2所列内容外，对行车速度和行车间距的规定还有：在视线良好的情况下行驶时速不超过20km，在工区内时速不得超过15km，在弯多坡陡、狭窄的山区行驶时速应在5km以内。平坦道路上行车间距应大于50m，上下坡应大于300m。

5. 事件3中D、E、F、G、H分别代表的风险处置方法为：D—风险规避；E—风险缓解；F—风险转移；G—风险自留；H—风险利用。

针对围堰工程，施工单位采取的风险处置方法：风险转移。

（五）

1. 在基坑施工中为防止边坡失稳，保证施工安全，除设置合理坡度外，还可采取的措施有：设置边坡护面、基坑支护、降低地下水位。

2. 基坑开挖的人工降低地下水位经常采用方式为：轻型井点、管井井点（或深井降水）。

本工程泵房基坑人工降低地下水位宜采用方式为：管井井点（或深井降水）。

理由：

（1）承压含水层已揭穿（或第四系含水层厚度大于5.0m）。

（2）粉砂渗透系数较大（含水层渗透系数大于1.0m/d）。

3. 高压喷射灌浆防渗墙的防渗性能通常采用的检查方法有：围井、钻孔。

围井检查法适用于所有结构形式的高喷墙；钻孔检查法适用于厚度较大和深度较小的高喷墙。

4. 表4中A、B、C、D代表的内容或数字分别为：

A代表70.0。

B代表单元工程效果（或实体质量）检查。

C代表设计。

D代表优良。

5. 拦污栅闸墩侧面模板、启闭机房悬臂梁底模板、交通桥连续梁底模板拆除的期限分别为：

拦污栅闸墩侧面模板拆除的期限：混凝土强度达到2.5MPa以上、保证其表面及棱角不因拆模而损坏。

启闭机房悬臂梁底模板拆除的期限：混凝土强度达到设计强度标准值的75%。

交通桥连续梁底模板拆除的期限：混凝土强度达到设计强度标准值的75%。

6. 泵站单位工程验收中的错误之处及其正确做法如下：

错误之处1：监理单位主持单位工程验收。

正确做法：单位工程验收应由项目法人主持。

错误之处2：验收时未见质量和安全监督机构工作人员。

正确做法：单位工程验收时质量和安全监督机构应派员列席验收会议。
错误之处3：将验收质量结论和相关资料报质量和安全监督机构进行核备。
正确做法：应将验收质量结论和相关资料报质量和安全监督机构进行核定。

2020年度全国一级建造师执业资格考试

《水利水电工程管理与实务》

真题及解析

学习遇到问题？
扫码在线答疑

2020年度《水利水电工程管理与实务》真题

一、**单项选择题**（共20题，每题1分。每题的备选项中，只有1个最符合题意）

1. 岸坡岩体发生向临空面方向的回弹变形及产生近似平行于边坡的裂隙，称为（　　）。
   A. 滑坡　　　　　　　　　　　　B. 蠕变
   C. 崩塌　　　　　　　　　　　　D. 松弛张裂

2. 某堤防建筑物级别为2级，其合理使用年限不超过（　　）年。
   A. 20　　　　　　　　　　　　　B. 30
   C. 50　　　　　　　　　　　　　D. 100

3. 流网的网格是由（　　）图形构成。
   A. 曲线正方形（或矩形）　　　　B. 曲线正方形（或圆形）
   C. 曲线三角形（或正方形、矩形）　D. 曲线六边形（或正方形、矩形）

4. 水库水位和隧洞闸门开度保持不变时，隧洞中的水流为（　　）。
   A. 恒定流　　　　　　　　　　　B. 均匀流
   C. 层流　　　　　　　　　　　　D. 缓流

5. 土石分级中，土分为（　　）级。
   A. 3　　　　　　　　　　　　　　B. 4
   C. 5　　　　　　　　　　　　　　D. 6

6. 水工建筑物岩石建基面保护层可采用（　　）爆破法施工。
   A. 分块　　　　　　　　　　　　B. 分层
   C. 分段　　　　　　　　　　　　D. 分区

7. 土坝碾压采用进退错距法，设计碾压遍数为5遍，碾滚净宽为4m，错距宽度为（　　）m。
   A. 1.25　　　　　　　　　　　　B. 1
   C. 0.8　　　　　　　　　　　　　D. 0.3

8. 碾压混凝土施工质量评定时，钻孔取样芯样获得率主要是评价碾压混凝土的（　　）。
   A. 均质性　　　　　　　　　　　B. 抗渗性

1

C. 密实性 D. 力学性能

9. 堤防防汛抢险施工的抢护原则为前堵后导、强身固脚、缓流消浪和（　　）。
   A. 加强巡查 B. 消除管涌
   C. 减载平压 D. 及时抢护

10. 根据《水利工程设计变更管理暂行办法》（水规计〔2020〕283号），下列设计变更中，属于重大设计变更的是（　　）。
    A. 主要料场场地的变化 B. 主要弃渣场场地的变化
    C. 主要施工设备配置的变化 D. 场内施工道路的变化

11. 根据《政府和社会资本合作建设重大水利工程操作指南（试行）》（发改农经〔2017〕2119号），项目公司向政府移交项目的过渡期是（　　）个月。
    A. 3 B. 6
    C. 12 D. 18

12. 水库大坝首次安全鉴定应在竣工验收后（　　）年内进行。
    A. 5 B. 6
    C. 8 D. 10

13. 根据《水利建设工程施工分包管理规定》（水建管〔2005〕304号），主要建筑物的主体结构由（　　）明确。
    A. 项目法人 B. 设计单位
    C. 监理单位 D. 主管部门

14. 水利水电施工企业安全生产标准化等级证书有效期为（　　）年。
    A. 1 B. 2
    C. 3 D. 5

15. 施工质量评定结论需报工程质量监督机构核定的是（　　）。
    A. 一般单元工程 B. 重要隐蔽单元工程
    C. 关键部位单元工程 D. 工程外观

16. 根据《水利部关于修订印发水利建设质量工作考核办法的通知》（水建管〔2018〕102号），某省级水行政主管部门考核排名第8，得分92分，其考核结果为（　　）。
    A. A级 B. B级
    C. C级 D. D级

17. 根据《水电水利工程施工监理规范》DL/T 5111—2012，工程项目划分不包括（　　）。
    A. 单元工程 B. 分项工程
    C. 分部工程 D. 单项工程

18. 根据《中华人民共和国防汛条例》，防汛抗洪工作实行（　　）负责制。
    A. 各级党政首长 B. 各级防汛指挥部
    C. 各级人民政府行政首长 D. 各级水行政主管部门

19. 根据《水利安全生产信息报告和处置规则》（2016年版），水利生产安全事故信息包括生产安全事故和（　　）信息。
    A. 一般涉险事故 B. 较大涉险事故
    C. 重大涉险事故 D. 特别重大涉险事故

20. 采用开敞式高压配电装置的独立开关站，其场地四周设置的围墙高度不低于（　　）m。
   A. 1.2
   B. 1.5
   C. 2.0
   D. 2.2

二、多项选择题（共10题，每题2分。每题的备选项中，有2个或2个以上符合题意，至少有1个错误选项。错选，本题不得分；少选，所选的每个选项得0.5分）

21. 确定导流建筑物级别的主要依据有（　　）。
   A. 保护对象
   B. 失事后果
   C. 使用年限
   D. 洪水标准
   E. 导流建筑物规模

22. 水工建筑物的耐久性是指保持其（　　）的能力。
   A. 适用性
   B. 安全性
   C. 经济性
   D. 维修性
   E. 美观性

23. 土石坝渗流分析主要是确定（　　）。
   A. 渗透压力
   B. 渗透系数
   C. 渗透坡降
   D. 渗透流量
   E. 浸润线位置

24. 拆移式模板的标准尺寸有（　　）。
   A. 100cm×(325～525)cm
   B. 75cm×100cm
   C. (75～100)cm×150cm
   D. 120cm×150cm
   E. 75cm×525cm

25. 根据围岩变形和破坏的特性，从发挥锚杆不同作用的角度考虑，锚杆在洞室中的布置有（　　）等形式。
   A. 摩擦型锚杆
   B. 预应力锚杆
   C. 随机锚杆
   D. 系统锚杆
   E. 粘结性锚杆

26. 根据《中华人民共和国水土保持法》《生产建设项目水土保持设施自主验收规程（试行）》（办水保〔2018〕133号），关于水土保持的说法，正确的有（　　）。
   A. 水土保持设施竣工验收由项目法人主持
   B. 水土保持设施验收报告由项目法人编制
   C. 水土保持分部工程质量等级分为合格和优良
   D. 禁止在15°以上陡坡地开垦种植农作物
   E. 水土保持方案为"水土保持方案报告书"

27. 根据《水利基本建设项目竣工财务决算编制规程》SL 19—2014，待摊投资的待摊方法有（　　）。
   A. 按实际发生数的比例分摊
   B. 按项目的合同额比例分摊
   C. 按概算数的比例分摊
   D. 按项目的效益比例分摊
   E. 按出资比例分摊

28. 根据《水利工程合同监督检查办法（试行）》（办监督〔2020〕124号），合同问题包括（   ）。

A. 一般合同问题
B. 常规合同问题
C. 较重合同问题
D. 严重合同问题
E. 特别严重合同问题

29. 根据《水电建设工程质量管理暂行办法》（电水农〔1997〕220号），单元工程的"三级检查制度"包括（   ）。

A. 班组初检
B. 作业队复检
C. 项目部终检
D. 监理单位复检
E. 项目法人抽检

30. 水利工程质量保修书的主要内容包括（   ）。

A. 竣工验收情况
B. 质量保修的范围和内容
C. 质量保修期
D. 质量保修责任
E. 质量保修费用

三、实务操作和案例分析题（共5题，（一）、（二）、（三）题各20分，（四）、（五）题各30分）

（一）

背景资料：

某水利工程地处北方集中供暖城市，主要施工内容包括分期导流及均质土围堰工程、基坑开挖（部分为岩石开挖）、基坑排水、混凝土工程。工程实施过程中发生如下事件：

事件1：项目法人向施工单位提供了水文、气象、地质资料，还提供了施工现场及施工可能影响的毗邻区域内的地下管线资料。

事件2：施工单位在编制技术文件时，需运用岩土力学、水力学等理论知识解决工程实施过程中的技术问题，包括：边坡稳定、围堰稳定、开挖爆破、基坑排水、渗流、脚手架强度刚度稳定性、开挖料运输及渣料平衡、施工用电。有关理论知识与技术问题对应关系详见表1。

表1　理论知识与技术问题对应关系

序号	理论知识	技术问题
1	岩土力学	边坡稳定、A
2	水力学	B、C
3	材料力学	D
4	结构力学	E
5	爆破力学	F
6	电工学	G
7	运筹学	H

事件3：本工程基坑最大开挖深度12m。根据《水利水电工程施工安全管理导则》SL

721—2015，施工单位需编制基坑开挖专项施工方案，并由技术负责人组织质量等部门的专业技术人员进行审核。

事件4：根据《水利水电工程施工安全管理导则》SL 721—2015，施工单位应组织召开基坑开挖专项施工方案审查论证会，并根据审查论证报告修改完善专项施工方案，经有关人员审核后方可组织实施。

问题：

1. 事件1中，项目法人向施工单位提供的地下管线资料可能有哪些？

2. 事件2中，分别写出表1中字母所代表的技术问题。

3. 事件3中，除质量部门外，施工单位技术负责人还应组织哪些部门的专业技术人员参加专项施工方案审核？

4. 事件4中，修改完善后的专项施工方案，应经哪些人员审核签字后方可组织实施？

(二)

背景资料:

某混凝土重力坝工程,坝基为岩基,大坝上游坝体分缝处设置紫铜止水片。

施工中发生如下事件:

事件1:工程开工前,施工单位编制了常态混凝土施工方案。根据施工方案及进度计划安排,确定高峰月混凝土浇筑强度为25000m³。施工单位采用《水利水电工程施工组织设计规范》SL 303—2017有关公式对混凝土拌合系统的小时生产能力进行计算,有关计算参数如下:小时不均匀系数 $K_h=1.5$,月工作天数 $M=25d$,日工作小时数 $N=20h$。经计算拟选用生产率为35m³/h的JS750型拌合机2台。

事件2:岩基爆破后,施工单位在混凝土浇筑前对基础面进行处理。监理单位在首仓混凝土浇筑前进行开仓检查。

事件3:某一坝段混凝土初凝后4h开始保湿养护,连续养护14d后停止。

事件4:监理人员在巡检过程中,检查了紫铜止水片的搭接焊接质量。

问题:

1. 根据事件1,计算该工程需要的混凝土拌合系统小时生产能力,判断拟选用拌合设备的生产能力是否满足要求?指出影响混凝土拌合系统生产能力的因素有哪些?

2. 事件2中,岩基基础面需要做哪些处理?大坝首仓混凝土浇筑前除检查基础面处理外,还要检查的内容有哪些?

3. 指出事件3中的错误之处,写出正确做法。

4. 事件4中,紫铜止水片的搭接焊接质量合格的标准有哪些?焊缝的渗透检验采用什么方法?

(三)

背景资料:

某水利工程项目发包人与承包人签订了工程施工承包合同。投标报价文件按照《水利工程设计概(估)算编制规定》(水总〔2017〕116号)和《水利建筑工程预算定额》(2002年版)编制。工程实施过程中发生如下事件:

事件1:承包人为确保工程进度,对某混凝土分部工程组织了流水施工,经批准的施工网络计划如图1所示(A为钢筋安装,B为模板安装,C为混凝土浇筑)。其中,C1工作的各时间参数为 $\dfrac{9\ |\ EF\ |\ TF}{LS\ |\ LF\ |\ FF}$。

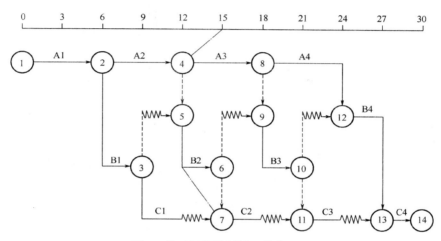

图1 施工网络计划图(单位:d)

事件2:上述混凝土分部工程施工到第15天末,承包人对工程进度进行了检查,并以实际进度前锋线记录在图1中。为确保该分部工程能够按计划完成,承包人组织技术人员对相关工作的可压缩时间和对应增加的成本进行分析,结果详见表2。承包人据此制定了工期优化方案。

表2 混凝土工程相关工作可压缩时间和对应增加的成本分析

工作	A_i	B_i	C_i
正常工作时间(d)	6	3	3
最短工作时间(d)	5	2	2
压缩成本(万元/d)	2	1	3

注:i 为1、2、3、4。

事件3:进入冬期施工后,承包人按监理工程师指示对现浇混凝土进行了覆盖保温。承包人要求调整混凝土工程单价,补偿保温材料费。

事件4:某日当地发生超标准洪水,工地被淹。承包人预估了本次洪灾造成的损失,启动索赔程序。

问题：

1. 写出事件 1 中 EF、TF、LS、LF、FF 分别代表的数值。

2. 根据事件 2，说明第 15 天末的进度检查情况（按"××工作实际比计划提前或滞后×d"表述），并判断对计划工期的影响。

3. 写出工期优化方案（按"××工作压缩×d"表述）及相应增加的总成本。

4. 事件 3 中，承包人提出的要求是否合理？说明理由。

5. 写出事件 4 中承包人的索赔程序。

（四）

背景资料：

某泵站工程施工招标文件按照《水利水电工程标准施工招标文件》（2009 年版）和《水利工程工程量清单计价规范》GB 50501—2007 编制。专用合同条款约定：泵站工程的管理用房列为暂估价项目，金额为 1200 万元。增值税税率为 9%。

投标人甲结合本工程特点和企业自身情况分析，讨论了施工投标不平衡报价的策略和利弊。其编制的投标文件部分内容如下：

已标价的工程量清单中，钢筋制作与安装单价分析表（部分）详见表 3。

表 3　钢筋制作与安装单价分析表（部分）（单位：1t）

编号	名称及规格	单位	数量	单价(元)	合计(元)
1	直接费				4551.91
1.1	基本直接费				D
1.1.1	人工费				125.37
（1）	A	工时	2.32	7.12	16.52
（2）	高级工	工时	6.48	6.58	42.64
（3）	中级工	工时	8.10	5.72	46.33
（4）	初级工	工时	6.25	3.18	19.88
1.1.2	材料费				4245.58
（1）	钢筋	t	1.05	3926.35	4122.67
（2）	B	kg	4.00	6.50	26.00
（3）	焊条	kg	7.22	7.60	54.87
（4）	C				42.04
1.1.3	机械使用费				69.94
1.2	其他直接费				111.02
2	间接费				182.08
3	利润	元			331.38
4	税金	元			E
	合同执行单价	元			F

投标人乙中标承建该项目，合同总价 19600 万元。合同中约定：工程预付款按签约合同价的 10% 支付，开工前由发包人一次性付清；工程预付款按照公式 $R = \dfrac{A}{(F_2 - F_1)S}(C - F_1 S)$ 扣还，其中 $F_1 = 20\%$，$F_2 = 80\%$；承包人缴纳的履约保证金兼具工程质量保证金功能，施工进度付款中不再扣留质量保证金。

工程实施期间发生如下事件：

事件 1：施工过程中，发现实际地质情况与发包人提供的地质情况不同，经设计变更，新增了地基处理工程（合同工程量清单中无地基处理相关子目）。各参建方及时办理了变更手续。

事件 2：截至工程开工后的第 10 个月末，承包人累计完成合同金额 14818 万元，第 11

个月经项目法人和监理单位审核批准的合同金额为 1450 万元。

事件 3：项目法人主持了泵站首台机组启动验收，工程所在地区电力部门代表参加了验收委员会。泵站机组带额定负荷 7d 内累计运行了 42h，机组无故障停机次数 3 次。在机组启动试运行完成前，验收主持单位组织了技术预验收。

问题：
1. 写出表 3 中 A、B、C、D、E 和 F 分别代表的名称或数字（计算结果保留两位小数）。
2. 根据背景资料，写出投标人在投标阶段不平衡报价的常用策略及存在的弊端。
3. 根据背景资料，管理用房暂估价项目如属于必须招标项目，其招标工作的组织方式有哪些？
4. 写出事件 1 中变更工作的估价原则。
5. 根据事件 2，计算第 11 个月的工程预付款扣还金额和承包人实得金额（单位：万元，计算结果保留两位小数）。
6. 根据《水利水电建设工程验收规程》SL 223—2008，指出事件 3 中的错误之处，说明理由。

(五)

背景资料：

某河道治理工程包括新建泵站、新建堤防工程。本工程采用一次拦断河床围堰导流，上下游围堰采用均质土围堰。该工程地面高程30.00m，泵站主体工程设计建基面高程22.90m。

本工程混凝土采用泵送，现场布置有混凝土拌合系统、钢筋加工厂、木工厂、油库、塔吊、办公生活区、地磅等临时设施。根据有利生产、方便生活、易于管理、安全可靠、成本最低的原则，进行施工现场布置，平面布置示意图如图2所示。

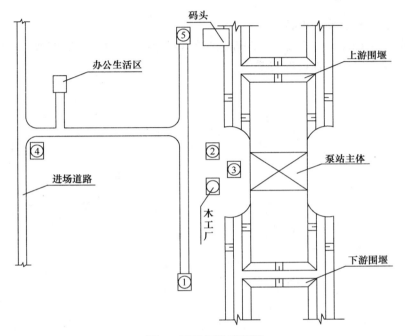

图2 平面布置示意图

施工中发生如下事件：

事件1：基坑初期排水过程中，上游来水致使河道水位上升，上游围堰基坑侧发生滑坡。

事件2：施工单位土方开挖采用反铲挖掘机一次性开挖到22.90m高程。

事件3：启闭机平台简支梁断面示意图如图3所示，梁长6m，保护层25mm，因该工程箍筋φ8钢筋备量不足，拟采用φ6或φ6钢筋代换，φ6抗拉强度按210MPa、φ6抗拉强度按310MPa计算。

事件4：新建堤防迎水面采用混凝土预制块护坡。根据《水利水电建设工程验收规程》SL 223—2008，堤防工程竣工验收前，检测单位对混凝土预制块护坡质量进行抽检。

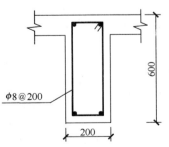

图3 简支梁断面示意图（单位：mm）

问题：

1. 指出图 2 中代号①、②、③、④、⑤所对应的临时设施名称。
2. 事件 1 中，基坑初期排水总量由哪几部分组成？指出围堰滑坡的可能原因，应如何处理？
3. 指出事件 2 中的错误之处，并提出合理的施工方法。
4. 写出泵站主体结构基础土方开挖单元工程质量评定工作的组织要求。
5. 根据事件 3：
   （1）画出箍筋示意图并注明尺寸。
   （2）计算箍筋单根下料长度（箍筋调整值按 16.5d 计算，计算结果取整数，单位：mm）。
   （3）单根梁需要的箍筋根数。
   （4）分别计算 $\phi6$ 及 $\phi6$ 代替 $\phi8$ 的理论箍筋间距值（计算结果取整数，单位：mm）。
6. 写出事件 4 中质量抽检的主要内容。

2020 年度真题参考答案及解析

一、单项选择题

1. D;	2. C;	3. A;	4. A;	5. B;
6. B;	7. C;	8. A;	9. C;	10. A;
11. C;	12. A;	13. B;	14. C;	15. D;
16. A;	17. D;	18. C;	19. B;	20. D。

【解析】

1. D。本题考核的是边坡变形破坏的类型。滑坡是指边坡岩（土）体主要在重力作用下沿贯通的剪切破坏面发生滑动破坏的现象。在边坡的破坏形式中，滑坡是分布最广、危害最大的一种。它在坚硬或松软岩层、陡倾或缓倾岩层以及陡坡或缓坡地形中均可发生。蠕变是指边坡岩（土）体主要在重力作用下向临空方向发生长期缓慢的塑性变形的现象，有表层蠕动和深层蠕动两种类型。崩塌是指较陡边坡上的岩（土）体在重力作用下突然脱离母体崩落、滚动堆积于坡脚的地质现象。在坚硬岩体中发生的崩塌也称岩崩，而在土体中发生的则称土崩。松弛张裂是指由于临谷部位的岩体被冲刷侵蚀或人工开挖，使边坡岩体失去约束，应力重新调整分布，从而使岸坡岩体发生向临空面方向的回弹变形及产生近平行于边坡的拉张裂隙，一般称为边坡卸荷裂隙。

2. C。本题考核的是水利水电各类永久性水工建筑物的合理使用年限。堤防建筑物级别为 2 级，合理使用年限是 50 年。

3. A。本题考核的是流网法的构成。流网法是一种图解法，适用于任意边界条件，是在渗流区域内由流线和等势线组成的网（或矩形网格的图形）。只要按规定的原则绘制流网，一般可以得到较好的计算精度。

4. A。本题考核的是水流形态。流场中任何空间上所有的运动要素（如时均流速、时均压力、密度等）都不随时间而改变的水流称为恒定流。例如某一水库工程有一泄水隧洞，当水库水位、隧洞闸门保持不变时，隧洞中水流的所有运动要素都不会随时间改变，即为恒定流。

5. B。本题考核的是土石方工程施工的土石分级。土石分级依开挖方法、开挖难易、坚固系数等共划分为 16 级，其中土分 4 级，岩石分 12 级。

6. B。本题考核的是建基面保护层爆破。建基面保护层可采用水平预裂、柔性垫层一次爆破法或分层爆破方法。

7. C。本题考核的是错距宽度的计算。错距宽度的计算公式为：$b=B/n$，式中，B 为碾滚净宽（m）；n 为设计碾压遍数。错距宽度 $4/5=0.8m$。

8. A。本题考核的是钻孔取样评定的内容。钻孔取样评定的内容如下：

(1) 芯样获得率：评价碾压混凝土的均质性。

(2) 压水试验：评定碾压混凝土抗渗性。

(3) 芯样的物理力学性能试验：评定碾压混凝土的均质性和力学性能

(4) 芯样断口位置及形态描述：描述断口形态，分别统计芯样断口在不同类型碾压层层间结合处的数量，并计算占总断口数的比例，评价层间结合是否符合设计要求。

(5) 芯样外观描述：评定碾压混凝土的均质性和密实性。

9. C。本题考核的是堤防防汛抢险施工的抢护原则。堤防防汛抢险施工的抢护原则为：前堵后导、强身固脚、减载平压、缓流消浪。施工中应遵守各项安全技术要求，不应违反程序作业。

10. A。本题考核的是水利工程设计变更。施工组织设计变化属于重大设计变更，主要料场场地的变化属于施工组织设计变化。

11. C。本题考核的是项目移交。除另有约定外，合同期满前 12 个月为项目公司向政府移交项目的过渡期。

12. A。本题考核的是水工建筑物实行定期安全鉴定。水库大坝实行定期安全鉴定制度，首次安全鉴定应在竣工验收后 5 年内进行，以后应每隔 6~10 年进行一次。

13. B。本题考核的是项目法人履行的分包管理职责。主要建筑物的主体结构，由项目法人要求设计单位在设计文件或招标文件中明确。

14. C。本题考核的是水利水电施工企业安全生产标准化等级证书有效期。安全生产标准化等级证书有效期为 3 年。

15. D。本题考核的是工程质量评定工作的组织要求。选项 A 报监理单位复核，由监理工程师核定质量等级并签证认可。选项 B、C 报工程质量监督机构核备。

16. A。本题考核的是项目法人质量考核。考核结果分 4 个等级，A 级（考核排名前 10 名，且得分 90 分及以上的）、B 级（A 级以后，且得分 80 分级以上的）、C 级（B 级以后，且得分在 60 分及以上的）、D 级（得分 60 分以下或发生重、特大质量事故的）。《水利部关于修订印发水利建设质量工作考核办法的通知》（水建管〔2018〕102 号）现已失效，现行文件为《水利部关于修订印发水利建设质量工作考核办法的通知》（水建设〔2022〕382 号）。

17. D。本题考核的是工程项目划分。工程开工申报及施工质量检查，一般按单位工程、分部工程、分项工程、单元工程四级进行划分。

18. C。本题考核的是防汛组织要求。《中华人民共和国防洪法》第三十八条规定：防汛抗洪工作实行各级人民政府行政首长负责制，统一指挥、分级分部门负责。

19. B。本题考核的是水利生产安全事故信息。水利生产安全事故信息包括生产安全事故和较大涉险事故信息。《水利安全生产信息报告和处置规则》（2016 年）已被修改，现行文件为《水利安全生产信息报告和处置规则》（水监督〔2022〕156 号）。

20. D。本题考核的是劳动安全的内容。采用开敞式压配电装置的独立开关站，其场地四周应设置高度不低于 2.2m 的围墙。

二、多项选择题

21. A、B、C、E；　22. A、B；　23. A、C、D、E；
24. A、C；　25. C、D；　26. A、C；
27. A、C；　28. A、C、D、E；　29. A、B、C；
30. B、C、D、E。

【解析】

21. A、B、C、E。本题考核的是确定临时性水工建筑物的级别。水利水电工程施工期使用的临时性挡水和泄水建筑物的级别，应根据保护对象的重要性、失事造成的后果、使用年限和临时建筑物的规模确定。

22. A、B。本题考核的是建筑物耐久性的概念。建筑物耐久性是指在设计确定的环境作用和规定的维修、使用条件下，建筑物在合理使用年限内保持其适用性和安全性的能力。

23. A、C、D、E。本题考核的是渗流分析的内容。渗流分析主要内容有：确定渗透压力；确定渗透坡降（或流速）；确定渗流量。对土石坝，还应确定浸润线的位置。

24. A、C。本题考核的是拆移式模板的标准尺寸。拆移式模板是一种常用模板，可做成定型的标准模板。其标准尺寸：大型的为 100cm×(325~525)cm；小型的为 (75~100)cm×150cm。

25. C、D。本题考核的是锚杆的布置形式。根据围岩变形和破坏的特性，从发挥锚杆不同作用的角度考虑，锚杆在洞室的布置有局部（随机）锚杆和系统锚杆。

26. A、C。本题考核的是水土保持的有关法律要求。选项 B 错误，水土保持设施验收报告由第三方技术服务机构（以下简称第三方）编制。选项 D 错误，禁止在 25°以上陡坡地开垦种植农作物。选项 E 错误，水土保持方案分为"水土保持方案报告书"和"水土保持方案报告表"。

27. A、C。本题考核的是待摊投资的分摊方法。待摊投资的分摊对象主要为房屋及构筑物、需要安装的专用设备、需要安装的通用设备以及其他分摊对象。待摊方法有按实际发生数的比例分摊，或按概算数的比例分摊。

28. A、C、D、E。本题考核的是合同问题。合同问题分为一般合同问题、较重合同问题、严重合同问题、特别严重合同问题。

29. A、B、C。本题考核的是单元工程的"三级检查制度"。单元工程的检查验收，施工单位应按"三级检查制度"（班组初检、作业队复检、项目部终检）的原则进行自检。《水电建设工程质量管理暂行办法》（电水农〔1997〕220号）现已失效。

30. B、C、D、E。本题考核的是质量保修书的主要内容。质量保修书的主要内容有：（1）合同工程完工验收情况；（2）质量保修的范围和内容；（3）质量保修期；（4）质量保修责任；（5）质量保修费用；（6）其他。

三、实务操作和案例分析题

（一）

1. 事件1中，项目法人向施工单位提供的地下管线资料可能有：供水、排水、供电、供气（或燃气）、供热（供暖）、通信、广播电视。

2. 理论知识与技术问题对应关系表中字母所代表的技术问题如下：
A 代表围堰稳定；B 代表渗流（或基坑排水）；C 代表基坑排水（或渗流）；D 代表脚手架强度刚度稳定性；E 代表脚手架强度刚度稳定性；F 代表开挖爆破；G 代表施工用电；H 代表开挖料运输与渣料平衡。

3. 事件3中，除质量部门外，施工单位技术负责人还应组织安全部门（安全部）、技术部门（技术部）参加专项施工方案审核。

4. 事件4中，修改完善后的专项施工方案，应经施工单位技术负责人、总监理工程师、项目法人（建设单位）单位负责人审核签字方可组织施工。

（二）

1. 该工程需要的混凝土拌合系统小时生产能力 = 1.5×25000/(25×20) = 75m³/h。

经计算拟选用生产率为 35m³/h，由此可知：2×35 = 70m³/h<75m³/h，不满足要求。

影响混凝土拌合系统生产能力的因素有：设备容量、台数、生产率等。

2. 事件 2 中，岩石基础面需要做以下处理：人工清除表面松软岩石、棱角和反坡，并用高压水枪冲洗，若粘有油污和杂物，可用金属丝刷洗，直至洁净为止，最后用高压风吹至岩面无积水。

大坝首仓混凝土浇筑前除检查基础面处理外，还要检查的内容有：模板、钢筋及止水安设等内容。

3. 对事件 3 中混凝土养护错误之处的判断及正确做法如下：

错误之处一：混凝土初凝后 4h 开始保湿养护。

正确做法：常态混凝土应在初凝后 3h 开始保湿养护。

错误之处二：连续养护 14d 后停止。

正确做法：混凝土宜养护至设计龄期，养护时间不宜少于 28d。

4. 事件 4 中，紫铜止水片的搭接焊接质量合格的标准有：（1）双面焊接，其搭接长度应大于 20mm。（2）焊缝应表面光滑、不渗水，无孔洞、裂隙、漏焊、欠焊、咬边伤等缺陷。

焊缝的渗透检验应采用煤油做渗透检验。

（三）

1. 事件 1 中 EF、TF、LS、LF、FF 分别代表的数值：

最早完成时间 $EF = 9+3 = 12$。

总时差 $TF = 6+3 = 9$。

最迟开始时间 $LS = 9+9 = 18$。

最迟完成时间 $LF = 12+9 = 21$。

自由时差 $FF = $ 波形线水平投影长度 $= 3$。

2. 第 15 天末的进度检查情况及其对计划工期的影响如下：

（1）A3 工作实际比计划滞后 3d。

（2）B2 工作实际比计划滞后 3d。

（3）C2 工作与计划一致。

影响计划工期 3d。

3. 工期优化方案及相应增加的总成本如下：

工期优化方案：本题关键线路是 A1→A2→A3→A4→B4→C4，其中在第 15 天末，A1、A2 工作已完成，只能压缩 A3、A4、B4、C4 一共三个月，而且应选择压缩成本低的工作进行压缩，即 A3 工作压缩 1d、A4 工作压缩 1d、B4 工作压缩 1d。

相应增加的总成本 = 2+2+1 = 5 万元。

4. 事件 3 中，承包人提出的要求是否合理的判断及理由如下：

承包人提出的要求不合理。

理由：混凝土工程养护用材料的费用，定额中是以其他材料费，按照费率的方式计入的，投标单价中已经包含相应养护材料费。

5. 事件4中承包人的索赔程序：

（1）承包人在索赔事件发生后28d内，向监理人提交索赔意向通知书。

（2）承包人在发出索赔意向通知书后28d内，向监理人正式提交索赔通知书。

（四）

1. 表3中A、B、C、D、E和F分别代表的名称或数字：

A代表工长；B代表铁丝；C代表其他材料费；D代表4440.89；E代表455.88；F代表5521.25。

2. 投标人在投标阶段不平衡报价的常用策略及存在的弊端如下：

常用策略有：

（1）能够早日结账收款的项目（如临时工程费、基础工程、土方开挖等）可适当提高单价。

（2）预计今后工程量会增加的项目，适当提高单价。

（3）招标图纸不明确，估计修改后工程量要增加的，可以提高单价。

（4）工程内容解说不清楚的，则可适当降低一些单价，待澄清后再要求提价。

存在的弊端有：

（1）对报低单价的项目，如工程量执行时增多将造成承包人损失。

（2）不平衡报价过多和过于明显，可能会导致报价不合理等后果。

3. 管理用房暂估价项目如属于必须招标项目，其招标工作的组织方式有两种：

第一种：若承包人不具备承担暂估价项目的能力或具备承担暂估价项目的能力但明确不参与投标的，由发包人和承包人共同组织招标。

第二种：若承包人具备承担暂估价项目的能力且明确参与投标的，由发包人组织招标。

4. 事件1中变更工作的估价原则是：合同已标价的工程量清单中，无适用或类似于子目的单价，可按照成本加利润的原则，由监理人商定或确定变更工作的单价。

5. 第11个月的工程预付款扣还金额和承包人实得金额的计算如下：

根据工程预付款公式 $R = \dfrac{A}{(F_2 - F_1)S}(C - F_1 S)$ 计算，截至第10个月累计已扣还预付款为：

R_{10} = 19600×10%×(14818−20%×19600)/[(80%−20%)×19600] = 1816.33 万元。

截至第11个月累计已扣还预付款为：

R_{11} = 19600×10%×(14818+1450−20%×19600)/[(80%−20%)×19600] = 2058 万元＞19600×10% = 1960 万元，所以截至第11个月预付款已全额扣还。

第11个月的工程预付款扣还金额 = 1960−1816.33 = 143.67 万元。

承包人实得金额 = 1450−143.67 = 1306.33 万元。

6. 根据《水利水电建设工程验收规程》SL 223—2008，对事件3中错误之处的判断及其理由如下：

错误之处一：泵站机组带额定负荷7d内累计运行了42h。

理由：泵站机组带额定负荷7d内累计运行了48h。

错误之处二：在机组启动试运行完成前，验收主持单位组织了技术预验收。

理由：应在机组启动试运行完成后组织技术预验收。

（五）

1. 平面布置示意图中①、②、③、④、⑤所对应的临时设施名称分别为：①油库；②钢筋加工厂；③塔式起重机；④地磅；⑤混凝土拌合系统。

2. 事件1中，基坑初期排水总量由基坑积水量、抽水过程中围堰及地基渗水量、堰身及基坑覆盖层中的含水量，以及可能的降水量等组成。

围堰滑坡的可能原因及其处理措施如下：

（1）围堰滑坡原因：①外河水位上升，围堰浸润线抬高；②基坑抽水速度过快。

（2）处理措施：①加固围堰；②降低基坑排水速度，开始降速以0.5~0.8m/d 为宜，接近排干时可允许达到1.0~1.5m/d。

3. 事件2中错误之处的判断及其合理施工方法如下：

不妥之处：施工单位土方开挖采用反铲挖掘机一次性开挖到 22.90m 高程。

合理的施工方法：应分层开挖，临近设计建基面高程时，应留出 0.2~0.3m 的保护层人工开挖。

4. 泵站主体结构基础土方开挖单元工程质量评定工作的组织要求：经施工单位自评合格，监理单位抽检后，由项目法人（或委托监理）、监理、设计、施工、工程运行管理（施工阶段已经成立）等单位组成联合小组，共同检查核定其质量等级并填写签证表，报工程质量监督机构核备。

5. 根据事件3中简支梁断面示意图及相关数据画图及其计算如下：

（1）箍筋示意图如图4所示。

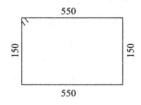

图4 箍筋示意图（单位：mm）

（2）箍筋单根下料长度 $L=(550+150)×2+16.5×8=1532$mm。

（3）单根梁需要的箍筋根数 $=(6000-25×2)÷200+1=31$ 根。

（4）$\phi6$ 代替 $\phi8$ 间距 $=\dfrac{3×3×\pi}{4×4×\pi}×200=113$mm。

$\phi6$ 代替 $\phi8$ 间距 $=\dfrac{3×3×\pi×310}{4×4×\pi×210}×200=166$mm。

6. 事件4中混凝土预制块护坡质量抽检的主要内容：预制块厚度、平整度、缝宽。

《水利水电工程管理与实务》
考前冲刺试卷（一）及解析

学习遇到问题？
扫码在线答疑

《水利水电工程管理与实务》考前冲刺试卷（一）

一、单项选择题（共20题，每题1分。每题的备选项中，只有1个最符合题意）

1. 滑坡、高边坡稳定监测采用（　　）。
   A. 交会法　　　　　　　　　　　B. 视准线法
   C. 水准观测法　　　　　　　　　D. 光电测距三角高程法

2. 根据《水利水电工程等级划分及洪水标准》SL 252—2017，某泵站工程等别为Ⅲ等，其次要建筑物级别应为（　　）级。
   A. 2　　　　　　　　　　　　　B. 3
   C. 4　　　　　　　　　　　　　D. 5

3. 水库调洪库容是指（　　）之间的库容。
   A. 校核洪水位与防洪限制水位　　B. 设计洪水位与正常蓄水位
   C. 防洪限制水位与死水位　　　　D. 校核洪水位与死水位

4. 环境类别为三类的C25混凝土最小水泥用量为（　　）kg/m³。
   A. 220　　　　　　　　　　　　B. 260
   C. 300　　　　　　　　　　　　D. 340

5. 有物理屈服点的钢筋，其质量检验指标主要有（　　）项。
   A. 2　　　　　　　　　　　　　B. 3
   C. 4　　　　　　　　　　　　　D. 5

6. 某水电工程坐落在河谷狭窄、两岸地形陡峻、山岩坚实的山区河段，设计采用全段围堰法导流，此工程宜采用（　　）导流。
   A. 束窄河床　　　　　　　　　　B. 明渠
   C. 涵管　　　　　　　　　　　　D. 隧洞

7. 帷幕灌浆施工程序依次是（　　）。
   A. 钻孔→钻孔（裂隙）冲洗→压水试验→灌浆→质量检查
   B. 钻孔→灌浆→压水试验→钻孔（裂隙）冲洗→质量检查
   C. 钻孔→钻孔（裂隙）冲洗→灌浆→压水试验→质量检查
   D. 钻孔→压水试验→钻孔（裂隙）冲洗→灌浆→质量检查

8. 混凝土面板堆石坝坝体干密度一般用（　　）测定。

A. 灌水法 B. 挖坑取样法
C. 环刀取样法 D. 灌砂法

9. 横缝按缝面形式分主要有（ ）种。
A. 2 B. 3
C. 4 D. 5

10. 根据《中华人民共和国防洪法》，下列区域中，不属于防洪区的是（ ）。
A. 洪泛区 B. 蓄滞洪区
C. 防洪保护区 D. 河道行洪区

11. 根据《中华人民共和国水土保持法》，在陡坡地上开垦种植农作物，该陡坡地的坡度不得陡于（ ）度。
A. 十 B. 十五
C. 二十 D. 二十五

12. 根据《水利水电工程施工质量检验与评定规程》SL 176—2016，水利水电工程施工质量评定表应由（ ）填写。
A. 项目法人 B. 质量监督机构
C. 施工单位 D. 监理单位

13. 下列高处作业级别中，应事先制订专项安全技术措施的有（ ）。
A. 一级、二级 B. 二级、特级
C. 一级、特级 D. 三级、特级

14. 按照水利行业建设项目设计规模划分标准，水库枢纽项目库容为 1 亿~0.1 亿 m³ 的工程规模是（ ）。
A. 大（1）型 B. 中型
C. 大（2）型 D. 小型

15. PPP 项目的项目公司可以由（ ）。
A. 社会资本方单独建立 B. 项目管理机构和社会资本方共同建立
C. 项目管理机构单独建立 D. 政府授权单位单独建立

16. 根据《水利工程建设监理单位资质管理办法》（水利部令第 50 号），水利工程建设监理单位资质分为下列 4 个专业，其中监理资质暂不分级的是（ ）专业。
A. 水利工程施工 B. 水利工程建设环境保护
C. 水土保持工程施工 D. 机电及金属结构设备制造

17. 根据《水利工程设计变更管理暂行办法》（水规计〔2020〕283 号），不需要报原初步设计审批部门审批的设计变更是（ ）。
A. 主要建筑物洪水标准变化 B. 水库库容变化
C. 堤防工程局部基础处理方案变化 D. 挡水建筑物位置变化

18. 根据《水利建设工程质量监督工作清单》（办监督〔2019〕211 号），下列工作中，不属于质量监督工作的是（ ）。
A. 专项施工方案审核 B. 核备工程验收结论
C. 列席项目法人主持的验收 D. 复核质量责任主体资质

19. 根据《水利工程施工安全管理导则》SL 721—2015，下列安全教育内容中，属于施工单位一级安全教育的是（ ）。

A. 现场规章制度教育 B. 安全操作规程
C. 班组安全制度教育 D. 安全法规、法制教育

20. 绿色工程施工中，根据环境功能特点和噪声控制质量要求，声环境功能区分为（ ）类。
A. 3 B. 4
C. 5 D. 6

二、多项选择题（共10题，每题2分。每题的备选项中，有2个或2个以上符合题意，至少有1个错项。错选，本题不得分；少选，所选的每个选项得0.5分）

21. 经纬仪的操作步骤包括（ ）。
A. 对中 B. 整平
C. 照准 D. 读数
E. 调焦

22. 反映钢筋塑性性能的基本指标包括（ ）。
A. 含碳量 B. 屈服强度
C. 极限强度 D. 伸长率
E. 冷弯性能

23. 防渗墙槽孔的清孔检查内容包括（ ）。
A. 接头孔刷洗质量 B. 孔底淤积厚度
C. 孔斜率 D. 槽孔中心偏差
E. 孔内泥浆密度、黏度及含沙量

24. 关于钢筋制作与安装的说法，正确的有（ ）。
A. 图 _____/_____ 表示无弯钩的钢筋端部
B. 图 ———□——— 表示花篮螺丝钢筋接头
C. 钢筋图中，YM表示远面钢筋
D. 钢筋在调直机上调直后，其表面伤痕不得使钢筋截面面积减少3%以上
E. 钢筋绑扎连接时，绑扎不少于4道

25. 闸门的标志内容包括（ ）。
A. 产品名称 B. 挡水水头
C. 制造日期 D. 闸门中心位置
E. 监造单位

26. 根据《中华人民共和国水法》，关于水工程保护与建设许可的说法，正确的有（ ）。
A. 对生产建设活动有禁止性规定
B. 对生产建设项目有限制性规定
C. 水工程系指水利部门管理建设的工程
D. 水工程的保护范围为水工程设施的组成部分
E. 流域范围内的区域规划应当服从流域规划

27. 强制性标准的条文中不应使用的标准用词有（ ）。
A. 宜 B. 必须
C. 严禁 D. 不宜

E. 可

28. 下列关于电力起爆法的说法中，正确的有（　　）。
A. 用于同一起爆网路内的电雷管的电阻值最多只能有两种
B. 网路中的支线、区域线连接前各自的两端不允许短路
C. 雷雨天严禁采用电爆网路
D. 通电后若发生拒爆，应立即进行检查
E. 点燃导火索应使用香或专用点火工具

29. 下列情形中，不得申报"文明工地"的有（　　）。
A. 发生一般质量事故或生产安全事故的
B. 被水行政主管部门或有关部门通报批评或进行处罚的
C. 项目建设单位未严格执行项目法人负责制、招标投标制和建设监理制的
D. 项目建设单位未按照国家现行基本建设程序要求办理相关事宜的
E. 项目建设过程中，发生合同纠纷

30. 根据《水利部关于水利安全生产标准化达标动态管理的实施意见》（水监督〔2021〕143号），下列情况中，给水利生产经营单位记15分的有（　　）。
A. 发生1人（含）以上死亡　　　　B. 存在重大事故隐患
C. 生产经营状况发生重大变化　　　D. 申报材料不真实的
E. 迟报、漏报、谎报、瞒报生产安全事故的

三、实务操作和案例分析题（共5题，（一）、（二）、（三）题各20分，（四）、（五）题各30分）

（一）

背景资料：

某水库工程大坝经鉴定为三类坝，其除险加固工程内容主要包括：坝体及坝基处理、主坝及副坝上游护坡拆除重建、溢洪道改建加固、防汛公路改建等。施工中发生如下事件：

事件1：施工单位根据单位劳动力资源配置原则，针对本工程的相关特点，为项目部配备本单位工程师2名，技术员3名，行管干部1名，技术工人22名、普工25人。有关管理层人员配置详见表1。

表1　管理层人员配置

工作岗位	拟任职务	技术等级	人数	备注
管理层	项目经理	工程师	1	
	项目副经理	助理工程师	1	
	技术负责人	工程师	1	
	施工员	助理工程师	1	
	材料员	技术员	1	
	试验员	技术员	1	
	质量安全员	技术员	1	
	其他行管人员	行管干部	1	

事件2：根据建筑物施工部位混凝土所需水泥品种，施工单位拟采用市水泥厂42.5级

普通硅酸盐水泥，采购时，施工单位对水泥厂要求出厂前必须对水泥品质进行检验，发货时应附有相关资料。运至工地后，施工单位将相关出厂检验资料报送至监理处，即放入仓库备用。

问题：
1. 指出水库大坝定期安全鉴定的时限要求及程序。
2. 指出并改正事件1中项目部管理层人员配置的不妥之处。
3. 事件1中重要管理人员为本单位人员的证明材料有哪些？
4. 指出事件2中承包人做法的不妥之处，并改正。

（二）

背景资料：

某引调水工程主要建筑物包括取水口泵站、输水明渠、沿线排水及交叉建筑物等。输水干线总长 33.6km，其中桩号 8+650～桩号 12+690 为岗地切岭段，渠道最大开挖深度为 26.0m。施工过程中发生如下事件：

事件1：施工单位现场专职安全生产管理人员履行下列安全管理职责：

（1）组织制定项目安全生产管理规章制度、操作规程等。

（2）组织本工程安全技术交底。

（3）组织施工组织设计、专项工程施工方案的编制和审查。

（4）组织开展本项目安全教育培训、考核。

（5）制止和纠正工程施工违章指挥。

事件2：施工单位针对岗地切岭段渠道土方开挖和边坡防护编制了专项施工方案，组织专家对该施工方案进行了审查论证，并经相关人员审核签字后组织实施。审查论证会专家组成员包括：项目法人技术负责人、总监理工程师、设计项目负责人、专职安全生产管理人员及5名特邀技术专家。

事件3：取水口泵站基坑开挖前，施工单位编制了施工组织设计（部分内容如下），对现场危险部位进行了标识，并设置了安全警示标志。

（1）施工用电由系统电网接入，现场安装变压器一台。

（2）基坑深度为 8.3m，开挖边坡坡比为 1:2。

（3）泵房墩墙施工采用钢管脚手架支撑，中间设施工通道。

（4）混凝土浇筑采用塔式起重机进行垂直运输。

事件4：某段切岭部位渠道在开挖至接近渠底设计高程时，总监理工程师检查发现渠道顶部地表出现裂缝，并有滑坡迹象，即指示施工单位暂停施工，撤离现场施工人员，查明原因消除隐患后再恢复施工，但施工单位认为地表裂缝属正常现象未予理睬，不久边坡发生坍塌，造成4名施工人员被掩埋，其中3人死亡，1人重伤。事故发生后，相关部门启动了应急响应。

问题：

1. 根据《水利水电工程施工安全管理导则》SL 721—2015，指出事件1中哪些职责不属于专职安全生产管理人员的安全管理职责（可用序号表示），其中属于施工单位技术负责人安全管理职责的有哪些？

2. 根据《水利水电工程施工安全管理导则》SL 721—2015，指出事件2中专家组组成的不妥之处；该专项施工方案需要哪些人员审核签字后方可组织实施？

3. 根据《建设工程安全生产管理条例》，事件3中哪些部位应设置安全警示标志？

4. 根据《水利部生产安全事故应急预案》（水监督〔2021〕391号），指出事件4的生产安全事故等级和主要责任单位；该事故发生后应启动几级应急响应？

（三）

背景资料：

某水闸除险加固工程内容包括土建施工，更换启闭机、闸门及机电设备。施工标（不含设备采购）通过电子招投标交易平台交易，招标文件依据《水利水电工程标准施工招标文件》（2009年版）编制，工程量清单采取《水利工程工程量清单计价规范》GB 50501—2007模式，最高投标限价1700万元。经过招标，施工单位甲中标并与发包人签订了施工合同。招投标及合同履行过程中发生如下事件。

事件1：代理公司编制的招标文件要求：

（1）投标人应在电子招投标交易平台注册登记。为数据接口统一的需要，投标人应购买并使用该平台配套的投标报价专用软件编制投标报价。

（2）投标报价不得高于最高投标限价，并不得低于最高投标限价的80%。

（3）投标人的子公司不得与投标人一同参加本项目投标。

（4）投标人可以现金或银行保函方式提交投标保证金。

（5）投标人获本工程所在省颁发的省级工程奖项的，评标赋2分，否则不得分。

某投标人认为上述规定存在不合理之处，在规定时间以书面形式向行政监督部门投诉。

事件2：合同约定：在完工结算时，工程质量保证金按照《住房城乡建设部 财政部关于印发〈建设工程质量保证金管理办法〉的通知》（建质〔2017〕138号）规定的最高比例一次性扣留。完工结算时，施工单位甲按规定节点时间提交了完工申请单。监理人审核后，形成了完工结算汇总表，详见表2，发包人予以认可，并在规定节点时间内将应支付款项支付完毕。

表2　某水闸除险加固工程施工标完工结算汇总表

项目名称：某水闸除险加固工程施工标　　合同编号：XXX-SG-01

序号	工程项目或费用	合同金额（元）	承包人申报金额（元）	监理审核金额（元）	备注
一	A	13100000	12850000	12830000	1. C为新增管理用房所需费用； 2. 措施项目中包含D，D取建筑安装工程费的2%，专款专用
1	建筑工程	7200000	7100000	7080000	
2	机电设备安装	2100000	2050000	2050000	
3	B	3800000	3700000	3700000	
二	措施项目	2162000	2157000	2156600	
三	C	—	1000000	1000000	
四	索赔费用	—	0	0	
五	合计	15262000	16007000	15986600	

问题：

1. 指出事件1招标文件要求中的不合理之处，说明理由。投标人采取投诉这种方式是否妥当？为什么？

2. 指出事件2表2中A、B、C、D分别代表的工程项目或费用或名称。
3. 计算本合同应扣留的工程质量保证金金额（单位：元，保留小数点后两位）。
4. 分别指出事件2中施工单位甲提交完工付款申请单和发包人支付应支付款的节点时间要求。

(四)

背景资料：

某小型排涝枢纽工程由排涝泵站、自排闸、堤防和穿堤涵洞等建筑物组成。发包人依据《水利水电工程标准施工招标文件》（2009年版）编制施工招标文件。发包人与承包人签订的施工合同约定：(1) 合同工期为195d，在一个非汛期完成。(2) "堤防填筑"子目经监理人确认的工程量超过合同工程量15%时，超过部分的单价调整系数为0.95。

由承包人编制并经监理人审核的施工进度计划如图1所示（每月按30d计）。

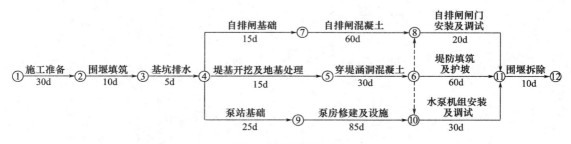

图1 施工进度计划

当地汛期为6~9月，监理人签发的开工通知载明开工日期为2019年10月26日，承包人按施工进度计划如期开工，开始施工准备工作。

工程施工过程中发生如下事件：

事件1：受新冠肺炎疫情影响，2020年2月1日至3月1日暂停施工期间，承包人按监理人要求照管在建工程。疫情缓解后，监理人向承包人发出复工指令，并要求采取赶工措施保证工程按期完成，承包人提交了赶工报告和修订后的施工进度计划等，提出了增加在建工程照管费用10万元和赶工费用50万元的要求。

事件2："堤防填筑"子目的合同单价为23.00元/m^3，合同工程量为1.3万m^3，按施工图纸计算工程量为1.543万m^3。承包人实际完成工程量为1.58万m^3。

事件3：承包人接受完工付款证书后，发现还有15万元工程款未结算，向发包人提出支付申请。工程质量保修期间，按发包人要求，承包人完成了新增环境美化工程，工程费用为8万元。

事件4：自排闸混凝土浇筑过程中，因模板"炸模"倾倒，施工单位及时清理后重新施工，事故造成直接经济损失22万元，延误工期14d。事故调查分析处理程序如图2所示，图中"原因分析""事故调查""制定处理方案"三个工作环节未标注。

问题：

1. 指出图1的关键线路（用节点代号表示）和合同完工日期；"自排闸混凝土"工作和"堤防填筑及护坡"工作的总时差分别为多少？

2. 事件1中，缩短哪几项工作的持续时间对赶工最为有效？判断承包人提出增加费用的要求是否合理，并说明理由。

3. 事件2中，"堤防填筑"子目应结算的工程量为多少？说明理由。计算该子目应结算的工程款。

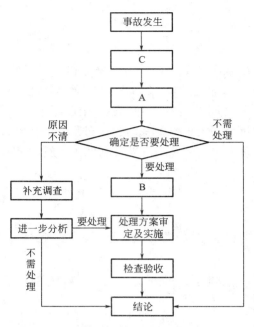

图 2　事故调查分析处理程序

4. 事件 3 中，发包人应支付的金额是多少？说明理由。

5. 根据《水利工程质量事故处理暂行规定》（水利部令第 9 号），判定事件 4 发生的质量事故类别，指出图 2 中 A、B、C 分别代表的工作环节内容。

（五）

背景资料：

某堤防加固工程划分为一个单位工程，工程建设内容包括堤防培厚、穿堤涵洞拆除重建等。堤防培厚采用在迎水侧、背水侧均加培的方式，如图3所示。根据设计文件，A区的土方填筑量为12万 m^3，B区的土方填筑量为13万 m^3。

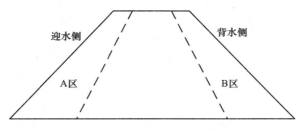

图3 堤防加固断面图

施工过程中发生如下事件：

事件1：建设单位提供的料场共2个。1号料场位于堤防迎水侧的河道滩地，2号料场位于河道背水侧，两料场到堤防运距大致相等。施工单位对料场进行了复核，料场土料情况详见表3。施工单位拟将1号料场用于A区，2号料场用于B区，监理单位认为不妥。

表3 料场土料情况

料场名称	土料颗粒组成（%）			渗透系数（cm/s）	可利用储量（万 m^3）
	砂粒	粉粒	黏粒		
1号料场	28	60	12	$4.2×10^{-4}$	22
2号料场	15	60	25	$3.4×10^{-6}$	22

事件2：穿堤涵洞拆除后，基坑开挖到新涵洞的设计建基面高程。施工单位对开挖单元工程质量进行自评合格后，报监理单位复核。监理工程师核定该单元工程施工质量等级并签证认可。质量监督部门认为上述基坑开挖单元工程施工质量评定工作的组织不妥。

事件3：某混凝土分部工程共有50个单元工程，单元工程质量全部经监理单位复核认可。50个单元工程质量全部合格，其中优良单元工程38个；主要单元工程以及重要隐蔽单元工程共20个，优良19个。施工过程中检验水泥共10批、钢筋共20批、砂共15批、石子共15批，质量均合格。混凝土试件：C25共19组、C20共10组、C10共5组，质量全部合格。施工中未发生过质量事故。

事件4：单位工程完工后，施工单位向项目法人申请进行单位工程验收。项目法人拟委托监理单位主持单位工程验收工作。监理单位提出，单位工程质量评定工作待单位工程验收后，将依据单位工程验收的结论进行评定。

问题：

1. 事件1中施工单位对两个土料场应如何进行安排？说明理由。

2. 说明事件2中基坑开挖单元工程质量评定工作的正确做法。

3. 依据《水利水电工程施工质量检验与评定规程》SL 176—2007，根据事件3提供的资料，评定此分部工程的质量等级，并说明理由。

4. 指出并改正事件4中的不妥之处。

5. 简述单位工程验收工作的主要内容。

考前冲刺试卷（一）参考答案及解析

一、单项选择题

1. A；	2. C；	3. A；	4. C；	5. C；
6. D；	7. A；	8. A；	9. B；	10. D；
11. D；	12. C；	13. D；	14. B；	15. A；
16. B；	17. C；	18. A；	19. D；	20. C。

【解析】

1. A。本题考核的是施工期间外部变形观测方法的选择。一般情况下，滑坡、高边坡稳定监测采用交会法；水平位移监测采用视准线法；垂直位移观测，宜采用水准观测法，也可采用满足精度要求的光电测距三角高程法；地基回弹宜采用水准仪与悬挂钢尺相配合的观测方法。

2. C。本题考核的是水工建筑物的等级划分。水利水电工程的永久性水工建筑物的级别应根据建筑物所在工程的等别，以及建筑物的重要性确定为五级，分别为1、2、3、4、5级，详见表4。

表4　永久性水工建筑物级别

工程等别	主要建筑物	次要建筑物	工程等别	主要建筑物	次要建筑物
Ⅰ	1	3	Ⅳ	4	5
Ⅱ	2	3	Ⅴ	5	5
Ⅲ	3	4			

3. A。本题考核的是水库特征水位和相应库容关系。水库特征水位和相应库容关系如图4所示。

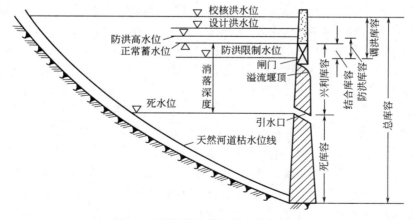

图4　水库特征水位和相应库容关系

4. C。本题考核的是配筋混凝土耐久性要求。配筋混凝土耐久性要求详见表5：

表5 配筋混凝土耐久性要求

环境类别	混凝土最低强度等级	最小水泥用量（kg/m³）	最大水胶比	最大氯离子含量（%）	最大碱含量（kg/m³）
一	C20	220	0.6	1	不限制
二	C25	260	0.55	0.3	3
三	C25	300	0.5	0.2	3
四	C30	340	0.45	0.1	2.5
五	C35	360	0.4	0.06	2.5

5. C。本题考核的是常用钢筋的主要力学性能。屈服强度、极限强度、伸长率和冷弯性能是有物理屈服点钢筋进行质量检验的四项主要指标，而对无物理屈服点的钢筋则只测定后三项。

6. D。本题考核的是辅助导流方式。束窄河床导流通常用于分期导流的前期阶段，特别是一期导流。其泄水道是被围堰束窄后的河床。明渠导流一般适用于岸坡平缓或有一岸具有较宽的台地、垭口或古河道的地形。涵管导流适用于导流流量较小的河流或只用来担负枯水期的导流。隧洞导流是在河岸边开挖隧洞，在基坑的上下游修筑围堰，施工期间河道的水流由隧洞下泄。这种导流方法适用于河谷狭窄、两岸地形陡峻、山岩坚实的山区河流。

7. A。本题考核的是固结灌浆施工程序。帷幕灌浆施工工艺包括钻孔、钻孔（裂隙）冲洗、压水试验、灌浆和灌浆的质量检查等。

8. A。本题考核的是堆石坝坝体的质量检查与控制。在坝面作业中，应对铺土厚度、土块大小、含水量、压实后的干密度等进行检查，并提出质量控制措施。对黏性土，含水量的检测是关键，可用含水量测定仪测定。干密度的测定，黏性土一般可用体积为200~500cm³的环刀取样测定；砂可用体积为500cm³的环刀取样测定；砾质土、砂砾料、反滤料用灌水法或灌砂法测定；堆石因其空隙大，一般用灌水法测定。当砂砾料因缺乏细料而架空时，也用灌水法测定。

9. B。本题考核的是横缝的形式。横缝按缝面形式分主要有3种，即缝面不设键槽、不灌浆；缝面设竖向键槽和灌浆系统；缝面设键槽，但不进行灌浆。

10. D。本题考核的是防洪区的类型。根据《中华人民共和国防洪法》，防洪区是指洪水泛滥可能淹及的地区，分为洪泛区、蓄滞洪区和防洪保护区。其中洪泛区是指尚无工程设施保护的洪水泛滥所及的地区；蓄滞洪区是指包括分洪口在内的河堤背水面以外临时贮存洪水的低洼地区及湖泊等；防洪保护区是指在防洪标准内受防洪工程设施保护的地区。

11. D。本题考核的是修建工程设施的水土保持预防规定。《中华人民共和国水土保持法》规定，禁止在二十五度以上陡坡地开垦种植农作物。在二十五度以上陡坡地种植经济林的，应当科学选择树种，合理确定规模，采取水土保持措施，防止造成水土流失。

12. C。本题考核的是水利水电工程施工质量评定表的填写。施工单位应按《单元工程评定标准》检验工序及单元工程质量，作好书面记录，在自检合格后，填写《水利水电工程施工质量评定表》报监理单位复核。

13. D。本题考核的是高处作业安全防护措施。进行三级、特级、悬空高处作业时,应事先制订专项安全技术措施。

14. B。本题考核的是水利行业建设项目设计规模划分。水利行业建设项目设计规模划分详见表6:

表6 水利行业建设项目设计规模划分

建设项目	单位	大型	中型	小型	备注
水库枢纽	亿 m^3	≥1	1~0.1	<0.1	库容
	MW	≥300	300~50	<50	装机
引调水	m^3/s	≥5	5~0.5	<0.5	流量
灌溉排涝	万亩	≥30	30~3	<3	面积
河道整治	堤防等级	≥1级	2、3级	4、5级	
城市防洪	万人	≥50	50~20	<20	城市人口
围垦	万亩	≥5	5~0.5	<0.5	面积
水土保持	km^2	≥500	500~150	<150	综合治理面积
水文设施	万元	≥1000	1000~200	<200	投资额

15. A。本题考核的是PPP项目的项目公司的建立。社会资本方与项目实施机构签署水利PPP项目合同后,按约定在规定期限内成立项目公司,负责项目建设与运营管理。项目公司可由社会资本方单独出资组建,也可由政府授权单位(不包括项目实施机构)与社会资本方共同出资组建,作为水利PPP项目的直接实施主体。

16. B。本题考核的是水利工程监理单位资质分类与分级。水利工程建设监理单位资质分为水利工程施工监理、水土保持工程施工监理、机电及金属结构设备制造监理、水利工程建设环境保护监理四个专业。其中,水利工程施工监理、水土保持工程施工监理专业资质等级分为甲级、乙级、丙级三个等级,机电及金属结构设备制造监理专业资质分为甲级、乙级两个等级,水利工程建设环境保护监理专业资质暂不分级。

17. C。本题考核的是水利工程设计变更要求。重大设计变更文件,由项目法人按原报审程序报原初步设计审批部门审批。一般设计变更由项目法人组织审查确认后,并报项目主管部门核备,必要时报项目主管部门审批。选项C属于一般设计变更;选项A、B、D属于重大设计变更。

18. A。本题考核的是工程质量监督的主要内容。根据《水利建设工程质量监督工作清单》(办监督〔2019〕211号),质量监督工作项目包括:受理质量监督申请、制定质量监督工作计划、确认工程项目划分、确认或核备质量评定标准、开展质量监督检查、复核质量责任主体资质、检查或复核质量责任主体的质量管理体系建立情况、检查质量责任主体的质量管理体系运行情况、质量监督检测、核备工程验收结论、质量问题处理、编写工程质量评价意见或质量监督报告、列席项目法人主持的验收、参加项目主管部门主持或委托有关部门主持的验收、建立质量监督档案、受理质量举报投诉。

19. D。本题考核的是三级安全教育。三级安全教育内容包括:(1)公司教育(一级教育)主要进行安全基本知识、法规、法制教育。(2)项目部(工段、区、队)教育(二级教育)主要进行现场规章制度和遵章守纪教育。(3)班组教育(三级教育)主要进行本工种岗位安全操作及班组安全制度、纪律教育。

20. C。本题考核的是声环境功能区分类。根据环境功能特点和噪声控制质量要求，声环境功能区分为5类。根据施工场界外的工程影响区内声环境功能区划分，施工场界噪声限值详见表7。

表7 声环境功能区类别及施工场界噪声限值 [单位：dB（A）]

声环境功能区类别	时段	
	昼间	夜间
0类声环境功能区：指有康复疗养院、敬老院等特别需要保持安静的区域	50	40
1类声环境功能区：指以居民集中居住区（村庄）、医院、学校等为主要功能，需要保持安静的区域	55	45
2类声环境功能区：指以商业贸易、集镇、养殖场为主要功能，或以居住、商业、工业混杂，需要维护住宅安静的区域	60	50
3类声环境功能区：指有部分（分散）居民居住或工业生产企业的区域	65	55
4类声环境功能区：指仅有零星住户的区域	70	60

二、多项选择题

21. A、B、C、D； 22. D、E； 23. A、B、E；
24. A、C； 25. A、C、D； 26. A、B、E；
27. A、D、E； 28. C、E； 29. B、C、D；
30. A、B、C。

【解析】

21. A、B、C、D。本题考核的是经纬仪的使用。经纬仪的使用包括对中、整平、照准和读数四个操作步骤。微倾水准仪的使用步骤包括安置仪器和粗略整平（简称粗平）、调焦和照准、精确整平（简称精平）和读数。

22. D、E。本题考核的是钢筋的主要力学性能指标。反映钢筋塑性性能的基本指标是伸长率和冷弯性能。伸长率 δ_5 或 δ_{10} 是钢筋试件拉断后的伸长值与原长的比值，它反映了钢筋拉断前的变形能力。

23. A、B、E。本题考核的是防渗墙槽孔的清孔检查内容。槽孔的清孔质量检查应包括下列内容：（1）接头孔刷洗质量；（2）孔底淤积厚度；（3）孔内泥浆性能（包括密度、黏度、含砂量）。槽孔建造的终孔质量检查应包括下列内容：（1）孔深、槽孔中心偏差、孔斜率、槽宽和孔形；（2）基岩岩样与槽孔嵌入基岩深度；（3）一期、二期槽孔间接头的套接厚度。

24. A、C。本题考核的是钢筋制作与安装。选项A正确，无弯钩的钢筋端部表示方法有：图————和图————。选项B错误，图————表示机械连接的钢筋接头。选项C正确，标注远面的代号为"YM"，近面的代号为"JM"。选项D错误，钢筋在调直机上调直后，其表面伤痕不得使钢筋截面面积减少5%以上。选项E错误，绑扎不少于3道。

25. A、C、D。本题考核的是闸门的标志内容。闸门应有标志，标志内容包括：制造厂名、产品名称、生产许可证标志及编号、制造日期、闸门中心位置和总重量。

26. A、B、E。本题考核的是水工程实施保护和建设许可的相关规定。《中华人民共和国水法》从保持河道、运河、渠道畅通以及保证湖泊、水库正常发挥效益出发,针对各类生产建设活动的特点以及可能产生的危害,分别作出了禁止性规定和限制性规定,故选项 A、B 正确。水工程是指在江河、湖泊和地下水源上开发、利用、控制、调配和保护水资源的各类工程,故选项 C 错误。水工程的管理范围通常视为水工程设施的组成部分,故选项 D 错误。《中华人民共和国水法》规定,流域范围内的区域规划应当服从流域规划,专业规划应当服从综合规划,故选项 E 正确。

27. A、D、E。标准的条文中应采用表示严格程度的标准用词,应符合表 8 的规定。强制性标准的条文中不应使用"宜""不宜""可"。推荐性标准不宜使用"必须""严禁"。

表 8　标准用词说明

标准用词	严格程度
必须 严禁	很严格,非这样做不可
应 不应	严格,在正常情况下均应这样做
宜 不宜	允许稍有选择,在条件许可时首先应这样做
可	有选择,在一定条件下可以这样做

28. C、E。本题考核的是电力起爆。选项 A 错误,用于同一爆破网路内的电雷管,电阻值应相同。选项 B 错误,网路中的支线、区域线和母线彼此连接之前各自的两端应短路、绝缘。选项 D 错误,通电后若发生拒爆,应立即切断母线电源,将母线两端拧在一起,锁上电源开关箱进行检查。进行检查的时间:对于即发电雷管,至少在 10min 以后;对于延发电雷管,至少在 15min 以后。

29. B、C、D。本题考核的是"文明工地"申报。有下列情形之一的,不得申报"文明工地":(1) 干部职工中发生违纪、违法行为,受到党纪、政纪处分或被刑事处罚的。(2) 发生较大及以上质量事故或生产安全事故的。(3) 被水行政主管部门或有关部门通报批评或进行处罚的。(4) 恶意拖欠工程款、农民工工资或引发当地群众发生群体事件,并造成严重社会影响的。(5) 项目建设单位未严格执行项目法人负责制、招标投标制和建设监理制的。(6) 项目建设单位未按照国家现行基本建设程序要求办理相关事宜的。(7) 项目建设过程中,发生重大合同纠纷,造成不良影响的。(8) 参建单位违反诚信原则,弄虚作假情节严重的。

30. A、B、C。本题考核的是水利安全生产标准化达标动态管理。存在以下任何一种情形的,记 15 分:发生 1 人(含)以上死亡,或者 3 人(含)以上重伤,或者 100 万元以上直接经济损失的一般水利生产安全事故且负有责任的;存在重大事故隐患或者安全管理突出问题的;存在非法违法生产经营建设行为的;生产经营状况发生重大变化的;按照水利安全生产标准化相关评审规定和标准不达标。存在以下任何一种情形的,记 20 分:发现在评审过程中弄虚作假、申请材料不真实的;不接受检查的;迟报、漏报、谎报、瞒报生产安全事故的;发生较大及以上水利生产安全事故且负有责任的。

三、实务操作和案例分析题

（一）

1. 水库大坝实行定期安全鉴定制度，首次安全鉴定应在竣工验收后 5 年内进行，以后每隔 6～10 年进行一次。

水工建筑安全鉴定包括安全评价、安全评价成果审查和安全鉴定报告书审定三个基本程序。

2. 事件 1 中项目部管理层人员配置的不妥之处及改正如下。

不妥之处：配置 1 名质量安全员，缺少财务负责人。

改正：项目管理机构应当具有与所承担工程的规模、技术复杂程度相适应的技术、经济管理人员。其中项目负责人、技术负责人、财务负责人、质量管理人员、安全管理人员必须是本单位人员。

3. 本单位人员证明材料：签订劳动合同、支付劳动报酬、缴纳社会保险等材料。

4. 事件 2 中承包人做法的不妥之处：施工单位将相关出厂检验资料报送至监理处，即放入仓库备用。

改正：对提供的材料和工程设备，承包人应会同监理人进行检验和交货验收，查验材料合格证明和产品合格证书，并按合同约定和监理人指示，进行材料的抽样检验和工程设备的检验测试，检验和测试结果应提交监理人。

（二）

1. 不属于专职安全生产管理人员安全管理的职责有：

（2）或（组织本工程安全技术交底）。

（3）或（组织施工组织设计、专项工程施工方案的编制和审查）。

（4）或（组织开展本项目安全教育培训、考核）。

施工单位技术负责人安全管理职责：（2）组织本工程安全技术交底；（3）组织施工组织设计，专项工程施工方案的编制和审查。

2. 事件 2 中专家组组成的不妥之处：审查论证会专家组成员包括项目法人技术负责人、总监理工程师、设计项目负责人、项目专职安全生产管理人员。

该专项施工方案需经施工单位技术负责人、总监理工程师、项目法人负责人审核签字后，方可组织实施。

3. 事件 3 中应设置安全警示标志的部位有：临时用电设施（或变压器）、施工起重机械（或塔式起重机）、脚手架、施工通道口、基坑边沿等。

4. 事件 4 的生产安全事故等级：较大事故。

主要责任单位：施工单位（或承包人）。

该事故发生后应启动三级应急响应。

（三）

1. 事件 1 中招标文件要求的不合理之处及理由如下。

不合理之处一："强制投标人购买交易平台配套的投标报价专用软件"。

理由：电子招投标交易平台运营机构不得要求投标人购买指定的软件。
不合理之处二：投标报价不得低于最高投标限价的80%。
理由：招标人不得设置最低投标限价。
不合理之处三：投标人获本工程所在省颁发的省级工程奖项的，评标赋2分。
理由：招标文件不得以特定区域奖项作为评标加分条件。
投标人采取投诉这种方式不妥。
理由：针对招标文件的不合理条款应首先通过异议途径解决。

2. 事件2表2中A、B、C、D分别代表的工程项目或费用或名称：
A 代表分类分项工程量清单项目。
B 代表金属结构安装（或闸门、启闭机安装）。
C 代表变更项目。
D 代表安全生产措施费。

3. 本合同应扣留的工程质量保证金金额 = 15986600×3% = 479598.00元。

4. 施工单位甲提交完工付款申请单的节点时间：施工单位甲应在合同工程完工证书颁发后28d内，向监理人提交完工付款申请单。
发包人支付应支付款的节点时间：发包人应在监理人出具完工付款证书后的14d内，将应支付款支付给承包人。

(四)

1. 施工进度计划图中关键线路（用节点代号表示）是：①→②→③→④→⑨→⑩→⑪→⑫。
合同完工日期为：2020年5月10日。
"自排闸混凝土"工作的总时差为45d。
"堤防填筑及护坡"工作的总时差为35d。

2. 事件1中，缩短"泵房修建及设施""水泵机组安装及调试"和"围堰拆除"的持续时间对赶工最为有效。
承包人提出增加费用的要求合理。
理由：
（1）新冠肺炎疫情影响属于不可抗力。
（2）因不可抗力影响，停工期间应监理人要求照管工程所发生的费用由发包人承担。
（3）因不可抗力影响引起工期延误，发包人要求赶工的，由此增加的赶工费用由发包人承担。

3. 对本题的分析如下：
（1）"堤防填筑"子目应结算的工程量为1.543万m^3。
理由：堤防填筑全部完成后，最终结算的工程量应是经过施工期间压实经自然沉陷后按施工图纸所示尺寸计算的有效压实方体积。
（2）合同工程量为1.3万m^3，确认的工程量超过了合同工程量的15%，超过部分单价应予调低。
不调价部分工程量为：1.3×（1+15%）= 1.495万m^3。
调价部分工程量为：1.543−1.3×（1+15%）= 0.048万m^3。

该子目应结算的工程款：23×1.495+23×0.95×0.048=35.4338 万元。

4. 发包人应支付的金额为：8 万元。

理由：

（1）承包人接受了完工付款证书后，应被认为已无权再提出在合同工程完工证书前所发生的任何索赔。

（2）环境美化项目是发包人提出的新增项目，费用由发包人承担。

5. 事件 4 发生的质量事故类别为一般质量事故。

图 2 中 A、B、C 分别代表的工作环节内容：

（1）A：原因分析。

（2）B：制定处理方案。

（3）C：事故调查。

（五）

1. 土料场安排：A 区采用 2 号料场，B 区采用 1 号料场。

因为堤防加固工程的原则是上截下排，1 号料场土料渗透系数大（或渗透性强）用于 B 区（背水侧），2 号料场土料渗透系数小（或渗透性弱），用于 A 区（迎水侧）。

2. 基坑开挖单元工程为重要隐蔽单元工程，应由施工单位自评合格，监理单位抽检，由项目法人、监理单位、设计单位、施工单位组成联合小组，共同检查核定其质量等级并填写签证表，报工程质量监督机构核备。

3. 此分部工程质量等级为优良。

理由：此分部工程所含单元工程质量全部合格；单元工程优良率大于 70%，主要单元工程以及重要隐蔽单元工程优良率大于 90%；未发生过质量事故；原材料质量合格；混凝土试件质量全部合格，所以此分部工程质量等级为优良。

4. 监理单位主持单位工程验收不妥，应由项目法人主持。

单位工程质量评定待单位工程验收后评定不妥，应先进行单位工程质量评定。

5. 单位工程验收工作包括以下主要内容：

（1）检查工程是否按批准的设计内容完成。

（2）评定工程施工质量等级。

（3）检查分部工程验收遗留问题处理情况及相关记录。

（4）对验收中发现的问题提出处理意见。

（5）单位工程投入使用验收除完成以上工作内容外，还应对工程是否具备安全运行条件进行检查。

《水利水电工程管理与实务》
考前冲刺试卷（二）及解析

学习遇到问题？
扫码在线答疑

《水利水电工程管理与实务》考前冲刺试卷（二）

一、单项选择题（共20题，每题1分。每题的备选项中，只有1个最符合题意）

1. 下列地形图数字比例尺中，属于中比例尺的是（　　）。
   A. 1∶500　　　　　　　　　　　B. 1∶5000
   C. 1∶50000　　　　　　　　　　D. 1∶500000

2. 建筑物级别为4级的土石围堰，其洪水标准为（　　）年。
   A. 10~5　　　　　　　　　　　B. 20~10
   C. 30~20　　　　　　　　　　　D. 50~30

3. 2级永久性水工建筑物中，闸门的合理使用年限应为（　　）年。
   A. 30　　　　　　　　　　　　B. 40
   C. 50　　　　　　　　　　　　D. 60

4. 水泵梁的钢筋混凝土保护层厚度是指混凝土表面到（　　）之间的最小距离。
   A. 受力纵向钢筋中心　　　　　B. 受力纵向钢筋公称直径外边缘
   C. 箍筋中心　　　　　　　　　D. 箍筋公称直径外边缘

5. 对运入加工现场的钢筋进行检验取样时，钢筋端部应至少先截去（　　）mm再取试样。
   A. 300　　　　　　　　　　　　B. 400
   C. 500　　　　　　　　　　　　D. 600

6. 图1所示的消能方式属于（　　）。

图1　消能方式

   A. 底流消能　　　　　　　　　B. 挑流消能
   C. 面流消能　　　　　　　　　D. 消力戽消能

7. 帷幕灌浆施工完成后的质量检查应以检查（   ）为主要依据。
   A. 灌浆施工过程记录	B. 灌浆结果标准
   C. 孔压水试验结果	D. 孔岩芯获得率

8. 某土坝工程级别为3级，采用黏性土填筑，其设计压实度应为（   ）。
   A. 90%~92%	B. 92%~96%
   C. 96%~98%	D. 98%~100%

9. 混凝土浇筑仓内采用喷雾措施进行降温，一般在混凝土（   ）后结束喷雾。
   A. 浇筑完成	B. 初凝
   C. 硬化	D. 终凝

10. 下列颜色中，适用于水泵外表面涂色的是（   ）。
    A. 果绿	B. 米黄色
    C. 银白色	D. 红色

11. 单位时间内单位面积上土壤流失的数量称为（   ）。
    A. 流失系数	B. 流水规模
    C. 侵蚀模数	D. 侵蚀当量

12. 根据《水利水电工程施工组织设计规范》SL 303—2017，采用简化毕肖普法计算时，4级均质土围堰边坡稳定安全系数应不低于（   ）。
    A. 1.05	B. 1.15
    C. 1.20	D. 1.30

13. 施工现场工人佩戴的塑料安全帽检查试验周期为（   ）。
    A. 三个月一次	B. 六个月一次
    C. 一年一次	D. 三年一次

14. 关于隧道工程专业承包资质的说法，正确的是（   ）。
    A. 隧道工程专业承包资质分为一级、二级、三级、四级
    B. 取得隧道工程专业承包二级资质的企业可承担断面$80m^2$以下且单洞长度1000m以下的隧道工程施工
    C. 取得隧道工程专业承包三级资质的企业可承担断面$60m^2$以下且单洞长度800m以下的隧道工程施工
    D. 取得隧道工程专业承包一级资质的企业可承担各类隧道工程的施工

15. 水利工程建设项目管理"三项"制度是指（   ）。
    A. 项目法人责任制、招标投标制、建设监理制
    B. 项目法人责任制、合同管理制、竣工验收制
    C. 项目法人制、安全生产责任制、政府风险制
    D. 政府监管制、项目法人负责制、企业保证制

16. 监理机构开展跟踪检测的费用由（   ）承担。
    A. 设计单位	B. 监理单位
    C. 发包人	D. 承包人

17. 根据水利部《关于调整水利工程建设项目施工准备条件的通知》（水建管〔2015〕433号），施工准备阶段的主要工作不包括（   ）。
    A. 办理土地使用权批准手续	B. 施工现场的征地、拆迁

C. 完成施工现场"四通一平" D. 组织招标设计

18. 根据《水利工程建设项目档案验收办法》（水办〔2023〕132号），参建单位应在所承担项目合同验收后（　　）内向项目法人办理档案移交。
    A. 3个月 B. 6个月
    C. 9个月 D. 1年

19. 下列费用中，未包含在土方明挖工程单价中，需另行支付的是（　　）。
    A. 植被清理费 B. 场地平整费
    C. 施工超挖费 D. 测量放样费

20. 根据《大中型水电工程建设风险管理规范》GB/T 50927—2013，对于损失小、概率大的风险，施工单位宜采取的风险处置方法是（　　）。
    A. 风险规避 B. 风险缓解
    C. 风险转移 D. 风险自留

二、多项选择题（共10题，每题2分。每题的备选项中，有2个或2个以上符合题意，至少有1个错项。错选，本题不得分；少选，所选的每个选项得0.5分）

21. 阐述水工建筑物合理使用年限用到的关键词语有（　　）。
    A. 正常使用 B. 维修条件
    C. 设计功能 D. 最低要求年限
    E. 发挥效益

22. 导流隧洞断面形式应根据（　　）等因素确定。
    A. 水力条件 B. 地质条件
    C. 施工方便 D. 主体建筑物结构布置和运行要求
    E. 与永久建筑物的结合要求

23. 与深孔爆破法比较，浅孔爆破法的特点有（　　）。
    A. 单位体积岩石所需的钻孔工作量较小
    B. 便于控制开挖面的形状和规格
    C. 不需要复杂的钻孔设备
    D. 生产效率较低
    E. 可简化起爆操作过程及劳动组织

24. 在碾压土坝混凝土施工中，掺入粉煤灰的目的是（　　）。
    A. 减少混凝土后期发热量 B. 减少混凝土初期发热量
    C. 增加混凝土的前期强度 D. 增加混凝土的后期强度
    E. 简化混凝土的温控措施

25. 反击式水轮机按转轮区内运动方向和特征及转轮构造的特点可分为（　　）。
    A. 双击式 B. 混流式
    C. 轴流式 D. 斜击式
    E. 贯流式

26. 根据《中华人民共和国水法》，水资源规划按层次分为（　　）。
    A. 全国战略规划 B. 流域规划
    C. 区域规划 D. 城市总规划
    E. 环境保护规划

27. 根据《水利水电工程劳动安全与工业卫生设计规范》GB 50706—2011，地网分期建成的工程，应校核分期投产接地装置的（　　）。
    A. 接触电位差　　　　　　　　B. 跨步电位差
    C. 耦合电位差　　　　　　　　D. 最高耐压
    E. 最大电流

28. 低温季节混凝土施工时，提高混凝土拌合料温度的措施包括（　　）等。
    A. 热水拌和　　　　　　　　　B. 真空汽化
    C. 集料预热　　　　　　　　　D. 水泥预热
    E. 外加剂预热

29. 水利工程通过合同工程完工验收后，在项目法人颁发合同工程完工证书前，施工单位应完成的工作包括（　　）。
    A. 施工场地清理　　　　　　　B. 工程移交运行管理单位
    C. 递交工程质量保修书　　　　D. 提交竣工资料
    E. 验收遗留问题处理

30. 绿色施工中，废水控制包括（　　）。
    A. 工程废水控制　　　　　　　B. 生活污水控制
    C. 地表降水防护　　　　　　　D. 地下水控制
    E. 酸雨控制

三、实务操作和案例分析题（共5题，（一）、（二）、（三）题各20分，（四）、（五）题各30分）

（一）

背景资料：

某小型排涝枢纽工程，由排涝泵站、自排涵闸和支沟口主河道堤防等建筑物组成。泵站和自排涵闸的设计排涝流量均为9.0m³/s，主河道堤防级别为3级。排涝枢纽平面布置示意图如图2所示。

根据工程施工进度安排，本工程利用10月~次年4月一个非汛期完成施工，次年汛期投入使用。

支沟口主河道堤防采用黏性土填筑，料场复勘时发现料场土料含水量偏大，不满足堤防填筑要求。

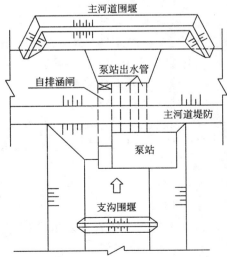

图2 排涝枢纽平面布置示意图

问题：

1. 分别写出自排涵闸、主河道围堰和支沟围堰的建筑物级别。
2. 本工程采用的是哪种导流方式？确定围堰顶高程需要考虑哪些要素？
3. 列出本工程从围堰填筑至工程完工时段内，施工关键线路上的主要施工项目。
4. 写出堤防填筑面作业的主要工序；提出本工程料场土料含水量偏大的主要处理措施。

（二）

背景资料：

某新建水闸工程，发包人依据《水利水电工程标准施工招标文件》（2009年版）编制施工招标文件。发包人与承包人签订的施工合同约定：合同工期8个月，签约合同价为1280万元。

监理人向承包人发出的开工通知中载明的开工时间为第一年10月1日。闸室施工内容包括基坑开挖、闸底板垫层混凝土、闸墩混凝土、闸底板混凝土、闸门安装及调试、门槽二期混凝土、底槛及导轨等埋件安装、闸上公路桥等项工作，承包人编制经监理人批准的闸室施工进度计划如图3所示（每月按30d计，不考虑工作之间的搭接）。

序号	工作名称	持续时间(d)	第一年			第二年				
			10	11	12	1	2	3	4	5
1	基坑开挖	30								
2	A	20								
3	B	30								
4	C	55								
5	底槛及导轨等埋件安装	20								
6	D	25								
7	E	15								
8	闸上公路桥	30								
计划完成工程价款（万元）			150	160	180	200	190	170	130	100

图3　闸室施工进度计划

施工过程中发生如下事件：

事件1：承包人收到发包人提供的测量基准点等相关资料后，开展了施工测量，并将施工控制网资料提交监理人审批。

事件2：经监理人确认的截至第一年12月底、第二年3月底累计完成合同工程价款分别为475万元和1060万元。

事件3：水闸工程合同工程完工验收后，承包人向监理人提交了完工付款申请单，并提供相关证明材料。

问题：

1. 指出图3中A、B、C、D、E分别代表的工作名称；分别指出基坑开挖和底槛及导轨等埋件安装两项工作的计划开始时间和完成时间。

2. 事件1中，除测量基准点外，发包人还应提供哪些基准资料？承包人应在收到发包人提供的基准资料后多少天内向监理人提交施工控制网资料？

3. 分别写出事件2中，截至第一年12月底、第二年3月底的施工进度进展情况（用"实际比计划超前或拖后××万元"表述）。

4. 事件3中，承包人向监理人提交的完工付款申请单的主要内容有哪些？

（三）

背景资料：

某环湖大堤加固工程，工程内容包括堤身防护工程护脚、节制闸工程、涵闸工程和绿化工程等。发包人依据《水利水电工程标准施工招标文件》（2009年版）编制了施工招标文件。招标文件中，护脚设计方案为五铰格网+大抛石组合方案。招投标及施工过程中发生如下事件：

事件1：投标人甲的投标文件所载施工工期前后不一致，评标委员会书面要求投标人甲澄清。投标人甲按时提交了书面澄清答复，统一了工期，评标委员会予以认可。评标公示显示，投标人甲未被评为中标候选人。评标公示期间，投标人乙以前述澄清有关事项存在不合理为由提出评标异议。招标人认为异议针对的是非中标候选人，不影响中标候选人资格，异议不成立。在收到异议后第4日，招标人按上述意见书面答复投标人乙。异议处理期间，招标人向中标人发放了中标通知书。

事件2：投标人丙投标文件中，$2m^3$液压挖掘机施工机械台时费计算详见表1。

表1 $2m^3$液压挖掘机施工机械台时费计算表

	项目	单位	数量	备注
第一类费用	折旧费	元	89.06	"营改增"调整系数为1.13
	修理及替换设备费	元	54.68	"营改增"调整系数为1.09
	安装拆卸费	元	3.56	
	小计	元		
第二类费用	人工	A	2.7	
	B	kg	20.2	

事件3：施工过程中，设计单位将护脚五铰格网+大抛石组合方案调整为大抛石方案。监理人将该方案调整按变更处理。变更过程中，承包人和监理人往来文件涉及变更指示、变更意向书、变更实施方案、变更估价书等。

事件4：承包人将绿化工程以劳务分包形式分包给某劳务作业队伍。劳务分包合同约定的劳务费用包含人工、材料、机械等所有费用。发包人依据《水利工程施工转包违法分包等违法行为认定查处管理暂行办法》（水建管〔2016〕420号）和《水利工程合同监督检查办法（试行）》（办监督〔2020〕124号），认定该行为为转包，属于严重合同问题，责令承包人立即整改。

问题：

1. 事件1中，评标委员会要求投标人甲对投标文件澄清是否合理，说明理由。指出并改正评标异议处理过程中的不妥之处。
2. 事件2中，指出A、B所代表的单位（或项目）名称；列式计算第一类费用（计算结果保留小数点后2位）。
3. 事件3所列承包人和监理人往来文件中，分别指出监理人和承包人发出的文件名称。
4. 事件4中，指出并改正发包人对承包人行为认定中的不妥之处。

(四)

背景资料:

某河道疏浚工程,疏浚河道总长约5km,设计河道底宽150m,边坡1:4,底高程7.90~8.07m。该河道疏浚工程划分为一个单位工程,包含7个分部工程(河道疏浚水下方为5个分部工程,排泥场围堰和退水口各1个分部工程)。其中排泥场围堰按3级堤防标准进行设计和施工。该工程于2020年10月1日开工,2021年12月底完工。工程施工过程中发生以下事件。

事件1:工程具备开工条件后,项目法人向主管部门提交了本工程开工申请报告。

事件2:排泥场围堰某部位堰基存在坑塘,施工单位进行了排水、清基、削坡后,再分层填筑施工,如图4所示。

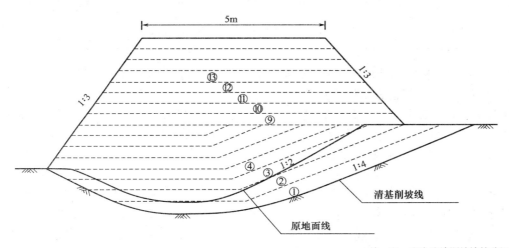

注:①~④为坑塘顺坡填筑分层
⑨~⑬为堰身水平填筑分层

图4 围堰横断面分层填筑示意图

事件3:河道疏浚工程施工中,施工单位对某单元工程进行了质量评定,详见表2。

表2 河道疏浚单元工程施工质量验收评定表

单位工程名称	某河道疏浚工程	单元工程量	—
分部工程名称	河道疏浚(30+100~31+100)	施工单位	×××
单元工程名称、编号	(30+100~31+100)—012	施工日期	2020年12月3日~2020年12月11日
项次		检验项目	质量标准(允许偏差)	检查记录及结论或检测合格率(检测记录或备查资料名称、编号)
A	1	河道过水断面面积	不小于设计断面面积(1456m^2)	检测20个断面,断面面积为1466~1509m^2,合格率100%
	2	宽阔水域平均底高程	不高于设计高程8.05m	检测点数200点,检测点高程7.90~8.03m,合格率100%

续表

项次		检验项目	质量标准(允许偏差)	检查记录及结论或检测合格率(检测记录或备查资料名称、编号)
B	1	局部欠挖	深度小于0.3m,面积小于5.0m²	无欠挖
	2	开挖横断面每边最大允许超宽值、最大允许超深值	超宽≤150cm,超深≤60cm 不应危及堤防、护坡及岸边建筑物的安全	检测点数50点,超宽30~55cm,超深25~75cm,合格率94.0%,不合格点不集中分布,且不影响堤防、护坡及岸边建筑物的安全
	3	开挖轴线位置	偏离±100cm	开挖轴线偏离-105~+110cm,共检验点数50点,合格率92.0%,不合格点不集中分布
	4	弃土位置	弃土排入排泥场	弃土排入排泥场
施工单位自评意见		A 逐项检测点合格率100%,B 逐项检测点的合格率C%,且不合格点不集中分布,单元工程质量等级评定为:D		
监理单位复核意见		—		

事件4：排泥场围堰分部工程施工完成后，其质量经施工单位自评、监理单位复核后，施工单位报本工程质量监督机构进行了备案。

事件5：本工程建设项目于2021年12月底按期完工。2023年5月，竣工验收主持单位对本工程进行了竣工验收。竣工验收前，质量监督机构按规定提交了工程质量监督报告，该报告确定本工程质量等级为优良。

问题：

1. 指出事件1中的不妥之处；说明主体工程开工的报告程序和时间要求。
2. 根据《堤防工程施工规范》SL 260—2014，指出并改正事件2图4中坑塘部位在清基、削坡、分层填筑方面的不妥之处。
3. 根据《水利水电工程单元工程施工质量验收评定标准—堤防工程》SL 634—2012，指出事件3表2中A、B、C、D所代表的名称或数据。
4. 根据《水利水电工程施工质量检验与评定规程》SL 176—2007，改正事件4中的不妥之处。
5. 根据《水利水电建设工程验收规程》SL 223—2008，事件5中竣工验收时间是否符合规定？说明理由。根据《水利水电工程施工质量检验与评定规程》SL 176—2007，指出并改正事件5中质量监督机构工作的不妥之处。

(五)

背景资料：

某新建中型拦河闸工程，施工期由上、下游填筑的土石围堰挡水，其中上游围堰断面示意图如图5所示。闸室底板与消力池底板之间设铜片止水，止水布置示意图如图6所示。

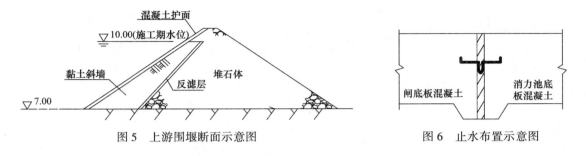

图5 上游围堰断面示意图　　　　图6 止水布置示意图

工程施工过程中发生如下事件：

事件1：施工单位依据《水利水电工程施工组织设计规范》SL 303—2017，采用简化毕肖普法，对围堰边坡稳定进行计算，其中上游围堰背水侧边坡稳定安全系数计算结果为1.25。

事件2：施工单位根据《水利水电工程施工安全管理导则》SL 721—2015，编制围堰专项施工方案，并组织有关专业技术人员进行审核。

事件3：闸墩混凝土拆模后，施工单位对混凝土外观质量进行检查，发现闸墩底部存在多条竖向裂缝。

问题：

1. 根据图5，计算上游围堰最低顶高程（波浪爬高按0.5m计）；指出黏土斜墙布置的不妥之处，并说明理由。

2. 事件1中，上游围堰背水侧边坡稳定安全系数计算结果是否满足规范要求？规范要求的边坡稳定安全系数最小值应为多少？

3. 围堰专项施工方案经施工单位有关专业技术人员审核后，还需要履行哪些报审程序方可组织实施？

4. 图6止水缝部位混凝土浇筑时，应注意哪些事项？

5. 事件3中，施工单位除检查混凝土裂缝外，还需要检查哪些常见的混凝土外观质量问题？

考前冲刺试卷（二）参考答案及解析

一、单项选择题

1. C；	2. B；	3. C；	4. D；	5. C；
6. B；	7. C；	8. C；	9. D；	10. A；
11. C；	12. B；	13. C；	14. D；	15. A；
16. D；	17. A；	18. A；	19. B；	20. B。

【解析】

1. C。本题考核的是数字比例尺的分类。地形图比例尺分为三类：1∶500、1∶1000、1∶2000、1∶5000、1∶10000为大比例尺地形图；1∶25000、1∶50000、1∶100000为中比例尺地形图；1∶250000、1∶500 000、1∶1000000为小比例尺地形图。

2. B。本题考核的是临时性水工建筑物洪水标准。临时性水工建筑物洪水标准详见表3。

表3 临时性水工建筑物洪水标准（洪水重现期：年）

建筑物结构类型	临时性水工建筑物级别		
	3	4	5
土石结构	50~20	20~10	10~5
混凝土、浆砌石结构	20~10	10~5	5~3

3. C。本题考核的是永久性水工建筑物的合理使用年限。1级、2级永久性水工建筑物中闸门的合理使用年限应为50年。

4. D。本题考核的是混凝土保护层厚度的要求。钢筋的混凝土保护层厚度是指，从混凝土表面到钢筋（包括纵向钢筋、箍筋和分布钢筋）公称直径外边缘之间的最小距离；对后张法预应力筋，为套管或孔道外边缘到混凝土表面的距离。

5. C。本题考核的是钢筋检验。到货钢筋应分批检查每批钢筋的外观质量，查看锈蚀程度及有无裂缝、结疤、麻坑、气泡、砸碰伤痕等，并应测量钢筋的直径。应分批进行检验，检验时以60t同一炉（批）号、同一规格尺寸的钢筋为一批。随机选取2根经外部质量检查和直径测量合格的钢筋，各截取一个抗拉试件和一个冷弯试件进行检验，不得在同一根钢筋上取两个或两个以上同用途的试件。钢筋取样时，钢筋端部要先截去500mm再取试样。

6. B。本题考核的是消能方式。为了减小对下游河道的冲刷，采取的消能方式有：底流消能、挑流消能、面流消能、消力戽消能、水垫消能、空中对冲消能。选项中四种消能方式如图7所示。

7. C。本题考核的是帷幕灌浆的工程质量检查。帷幕灌浆工程质量的评价应以检查孔压水试验成果为主要依据，结合施工成果资料和其他检验测试资料进行综合分析确定。帷

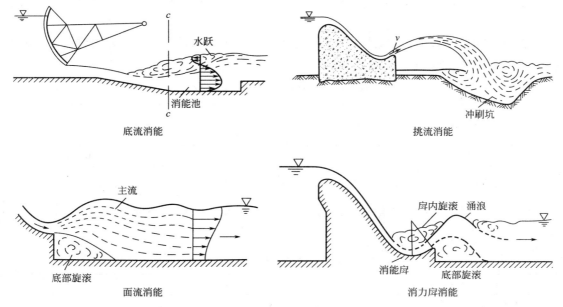

图 7 消能方式

幕灌浆检查孔数量可按灌浆孔数的一定比例确定。单排孔帷幕时，检查孔数量可为灌浆孔总数的 10% 左右；多排孔帷幕时，检查孔的数量可为主排孔数的 10% 左右。

8. C。本题考核的是土坝工程土料填筑的标准。含砾和不含砾的黏性土的填筑标准应以压实度和最优含水率作为设计控制指标。设计最大干密度应以击实最大干密度乘以压实度求得。1 级、2 级坝和高坝的压实度应为 98%～100%，3 级中低坝及 3 级以下的中坝压实度应为 96%～98%。设计地震烈度为 8 度、9 度的地区，宜取上述规定的大值。

9. D。本题考核的是混凝土浇筑过程温度控制。浇筑仓内气温高于 25℃ 时应采用喷雾措施，喷雾应覆盖整个仓面，雾滴直径应达到 40～80μm，同时应防止混凝土表面积水。喷雾后仓内气温较仓外气温降低值不宜小于 3℃。混凝土终凝后，可结束喷雾。

10. A。本题考核的是设备涂色规定。设备涂色规定详见表 4：

表 4 设备涂色规定

设备名称及部位	颜色	设备名称及部位	颜色
泵壳表面、轮毂、导叶等过流表面	红	技术供水进水管	天蓝
水泵外表面	蓝灰或果绿	技术供水排水管	绿
电动机轴和水泵轴	红	生活用水管	蓝
水泵、电动机踏板、回油箱	黑	污水管及一般下水管	黑
电动机定子外表面、上机架、下机架外表面	米黄或浅灰	低压压缩空气管	白
栏杆（不包括镀铬和不锈钢栏杆）	银白或米黄	高、中压压缩空气管	白底红色环
附属设备、压力油箱、储气罐	灰蓝或浅灰	抽气及负压管	白底绿色环
压力油管、进油管、净油管	红	消防水管及消防栓	红
回油管、排油管、溢油管、污油管	黄	阀门及管道附件（不包括铜及不锈钢阀门及附件）	黑

11. C。本题考核的是水土保持规定。水土流失程度用侵蚀模数表示，即单位时间内单位面积上土壤流失的数量。

12. B。本题考核的是4级均质土围堰边坡稳定的安全系数。土石围堰边坡稳定安全系数详见表5：

表5　土石围堰边坡稳定安全系数

围岩级别	计算方法	
	瑞典圆弧法	简化毕肖普法
3级	≥1.20	≥1.30
4级、5级	≥1.05	≥1.15

13. C。本题考核的是常用安全用具的检查试验周期。常用安全用具的检查试验周期详见表6：

表6　常用安全用具的检查试验周期

名称	检查试验周期
塑料安全帽	一年一次
安全带	每次使用前均应检查；新带使用一年后抽样试验；旧带每隔六个月抽查试验一次
安全网	每年一次，每次使用前进行外表检查

14. D。本题考核的是隧道工程专业承包资质。选项A错误，隧道工程专业承包资质分为一级、二级、三级。选项B错误，取得隧道工程专业承包二级资质的企业可承担断面60m² 以下且单洞长度1000m 以下的隧道工程施工。选项C错误，取得隧道工程专业承包三级资质的企业可承担断面40m² 以下且单洞长度500m 以下的隧道工程施工。

15. A。本题考核的是建设项目管理专项制度。水利工程项目建设实行项目法人责任制、招标投标制和建设监理制，简称"三项"制度。

16. D。本题考核的是跟踪检测费用承担。跟踪检测是指监理机构对承包人在质量检测中的取样和送样进行监督。跟踪检测费用由承包人承担。平行检测费用由发包人承担。

17. A。本题考核的是施工准备阶段的主要工作内容。施工准备阶段的主要工作有：（1）施工现场的征地、拆迁；（2）完成施工用水、电、通信、路和场地平整等工程；（3）必须的生产、生活临时建筑工程；（4）实施经批准的应急工程、试验工程等专项工程；（5）组织招标设计、咨询、设备和物资采购等服务；（6）组织相关监理招标，组织主体工程招标准备工作。

18. A。本题考核的是工程档案验收方面的基本要求。参建单位应在所承担项目合同验收后3个月内向项目法人办理档案移交，并配合项目法人完成项目档案专项验收相关工作；项目法人应在水利工程建设项目竣工验收后半年内向运行管理单位及其他有关单位办理档案移交。

19. B。本题考核的是土方开挖工程计量支付。土方明挖工程单价包括承包人按合同要求完成场地清理，测量放样，临时性排水措施（包括排水设备的安拆、运行和维修），土方开挖、装卸和运输，边坡整治和稳定观测，基础、边坡面的检查和验收，以及将开挖可利用或废弃的土方运至监理人指定的堆放区并加以保护、处理等工作所需的费用。

20. B。本题考核的是风险处置方法。风险控制应采取经济、可行、积极的处置措施，具体风险处置方法有：风险规避、风险缓解、风险转移、风险自留、风险利用等方法。处置方法的采用应符合以下原则：(1) 损失大、概率大的灾难性风险，应采用风险规避。(2) 损失小、概率大的风险，宜采用风险缓解。(3) 损失大、概率小的风险，宜采用保险或合同条款将责任进行风险转移。(4) 损失小、概率小的风险，宜采用风险自留。(5) 有利于工程项目目标的风险，宜采用风险利用。

二、多项选择题

21. A、B、C、D；   22. A、B、C、E；   23. B、C、D；
24. B、D、E；   25. B、C、E；   26. A、B、C；
27. A、B；   28. A、C；   29. A、C、D；
30. A、B、C。

【解析】

21. A、B、C、D。本题考核的是水利水电工程及其水工建筑物合理使用年限的含义。水利水电工程及其水工建筑物合理使用年限是指水利水电工程及其水工建筑物建成投入运行后，在正常运行使用和规定的维修条件下，能按设计功能安全使用的最低要求年限。

22. A、B、C、E。本题考核的是导流隧洞断面形式的确定。导流隧洞断面形式应根据水力条件、地质条件、与永久建筑物的结合要求、施工方便等因素确定。

23. B、C、D。本题考核的是浅孔爆破法的特点。浅孔爆破法能均匀破碎介质，不需要复杂的钻孔设备，操作简单，可适应各种地形条件，而且便于控制开挖面的形状和规格，主要应用于地下工程开挖、中小型料场开采、水工建筑物基础分层开挖等。但是，浅孔爆破法钻孔工作量大，每个炮孔爆下的方量不大，因此生产效率较低。与浅孔爆破比较，深孔爆破法单位体积岩石所需的钻孔工作量较小，单位耗药量低，劳动生产率高，并可简化起爆操作过程及劳动组织。缺点是钻孔设备复杂，设备费高。

24. B、D、E。本题考核的是碾压混凝土坝的施工特点。碾压混凝土坝施工主要特点有：采用干贫混凝土；大量掺加粉煤灰，减少水泥用量；采用通仓薄层浇筑；大坝横缝采用切缝法等成缝方式；碾压或振捣达到混凝土密实。由于碾压混凝土是干贫混凝土，要求掺水量少，水泥用量也很少。为保持混凝土有一定的胶凝材料，必须掺入大量粉煤灰（掺量占总胶凝材料的50%~70%，且为Ⅱ级以上）。这样不仅可以减少混凝土的初期发热量，增加混凝土的后期强度，简化混凝土的温控措施，而且有利于降低工程成本。

25. B、C、E。本题考核的是水轮机类型。反击式水轮机按转轮区内运动方向和特征及转轮构造的特点可分为混流式、轴流式、斜流式和贯流式四种。根据转轮叶片能否转动，将轴流式、斜流式和贯流式又分别分为定桨式和转桨式。冲击式水轮机按射流冲击转轮的方式不同可分为水斗式、斜击式和双击式三种。

26. A、B、C。本题考核的是水资源规划分类。水资源规划按层次分为：全国战略规划、流域规划和区域规划。

27. A、B。本题考核的是劳动安全与工业卫生的有关要求。地网分期建成的工程，应校核分期投产接地装置的接触电位差和跨步电位差，其数值应满足人身安全的要求。

28. A、C。本题考核的是混凝土制热系统。混凝土制热系统的主要任务是为低温季节混凝土施工提供满足入仓温度要求的预热混凝土。提高混凝土拌合料温度宜用热水拌和，若加热水拌和不满足要求，方可考虑加热集料，水泥不应直接加热。低温季节混凝土施工气温标准为，当日平均气温连续5d稳定在5℃以下或最低气温连续5d稳定在-3℃以下时，应按低温季节进行混凝土施工。

29. A、C、D。本题考核的是工程移交。在施工单位递交了工程质量保修书、完成施工场地清理以及提交有关竣工资料后，项目法人应在30个工作日内向施工单位颁发经单位法定代表人签字的合同工程完工证书。

30. A、B、C。本题考核的是废水控制。废水控制包括工程废水控制、生活污水控制和地表降水防护等。施工组织设计应包含工程废水、生活污水控制措施和地表降水防护等内容。工程废水宜处理后循环使用。禁止利用渗井、渗坑、裂隙和溶洞排放、倾倒含有毒污染物的废水和含病原体的污水。废水（污水）处理率应不低于工程所在地政府规定的要求，当地政府无规定时，不应低于80%。

三、实务操作和案例分析题

（一）

1. 自排涵闸建筑物的级别为3级，主河道围堰的级别为5级，支沟围堰的级别为5级。
2. 本工程采用一次拦断河床围堰导流。

   确定围堰顶高程需要考虑：堰前施工期最高水位（或施工期设计水位）、波浪爬高、围堰安全超高。
3. 施工关键线路上的主要施工项目有：围堰填筑，基坑初期排水（或降排水），基坑开挖（或土方开挖），混凝土工程施工，土方填筑，金属结构安装，机电设备安装，围堰拆除。
4. 堤防填筑面作业的主要工序包括：铺料、整平、压实（碾压）、边坡整修、质量检查。本工程料场土料含水量偏大的主要处理措施：（1）料场排水；（2）土料翻晒。

（二）

1. 图3中A、B、C、D、E代表的工作名称分别为：A：闸底板垫层混凝土；B：闸底板混凝土；C：闸墩混凝土；D：门槽二期混凝土；E：闸门安装及调试。

   基坑开挖工作的计划开始时间为第一年10月1日，计划完成时间为第一年10月30日；底槛及导轨等埋件安装的计划开始时间为第二年2月16日，计划完成时间为第二年3月5日。
2. 事件1中，除测量基准点外，发包人还应提供基准线和水准点及其相关资料。承包人应在收到上述资料后的28d内，将施测的施工控制网资料提交监理人审批。
3. 截至第一年12月底，累计完成合同工程价款实际比计划拖后15万元；第二年3月底累计完成合同工程价款实际比计划超前10万元。
4. 完工付款申请单的主要内容：完工结算合同总价、发包人已支付承包人的工程价款、应扣留的质量保证金、应支付的完工付款金额。

（三）

1. 事件1中，评标委员会要求投标人甲对投标文件澄清不合理。

理由：评标委员会对投标文件的澄清要求不得改变投标文件的实质性内容。工期属于投标文件的实质性内容。

评标异议处理过程中的不妥之处：在收到异议后第4日，招标人书面答复投标人乙。异议处理期间，招标人向中标人发放了中标通知书。

改正：招标人应在收到异议之日起3日内作出答复；答复前，应暂停招投标活动。

2. A、B所代表的单位（或项目）名称：A代表工时，B代表柴油。

第一类费用＝折旧费＋修理及替换设备费＋安装拆卸费＝89.06/1.13+54.68/1.09+3.56＝132.54元/台时。

3. 监理人发出文件名称：变更指示、变更意向书。

承包人发出文件名称：变更实施方案、变更估价书。

4. 发包人对承包人行为认定的不妥之处及改正如下：

（1）不妥之处：该违法行为被认定为转包。

改正：该违法行为应被认定为违法分包。

（2）不妥之处：该违法行为被认定为严重合同问题。

改正：该违法行为应被认定为较重合同问题。

（四）

1. 向主管部门提交开工申请报告不妥。

水利工程具备开工条件后，主体工程方可开工建设，项目法人或者建设单位应自工程开工之日起15个工作日内，将开工情况的书面报告报项目主管部门和上一级主管单位备案。

2. 坑塘部位在清基、削坡、分层填筑方面的不妥之处及改正如下：

不妥之处一：堰基坑塘部位削坡至1:4。

改正：应削至缓于1:5。

不妥之处二：堰基坑塘部位顺坡分层填筑。

改正：应水平分层由低处开始逐层填筑。

3. A：主控项目；B：一般项目；C：92.0%；D：合格。

4. 施工单位自评，监理单位复核后，施工单位报本工程质量监督机构进行备案不妥。

正确做法：分部工程质量，在施工单位自评合格后，报监理单位复核，项目法人认定。分部工程验收的质量结论由项目法人报质量监督机构核备。大型枢纽工程主要建筑物的分部工程验收的质量结论由项目法人报工程质量监督机构核定。

5. 验收时间不符合规定。

理由：根据《水利水电建设工程验收规程》SL 223—2008，河道疏浚工程竣工验收应在该工程建设项目全部完成进行，即在2022年12月底前进行。

事件5中质量监督机构工作的不妥之处：质量监督机构提交的工程质量监督报告确定本工程质量等级为优良。

正确做法：工程质量监督机构在工程竣工验收前提交工程施工质量监督报告，向工程竣工验收委员会提出工程施工质量是否合格的结论。

（五）

1. 上游围堰挡水水位为10.0m，波浪爬高为0.5m。根据《水利水电工程施工组织设计规范》SL 303—2017，该围堰堰顶安全加高下限值为0.5m。

因此该上游围堰顶高程应不低于：10+0.5+0.5=11.0m。

斜墙的布置的不妥之处：黏土斜墙顶高程的设置。

理由：黏土斜墙顶高程应与围堰顶高程相同。

2．上游围堰背水侧边坡稳定安全系数计算结果满足规范要求。

规范要求的边坡稳定安全系数最小值应为1.15。

3．围堰专项施工方案，经施工单位有关技术人员审核合格后，应由施工单位技术负责人签字确认，报监理单位，由项目总监理工程师审核签字，并报项目法人备案后，方可组织实施。

4．止水缝部位浇筑混凝土时应注意的事项有：

（1）浇筑混凝土时，不得冲撞止水片。

（2）当混凝土将要淹没止水片时，应再次清除其表面污垢。

（3）振捣器不得触及止水片。

（4）嵌固止水片的模板应适当推迟拆模时间。

5．混凝土外观质量检查，除检查混凝土裂缝外，还应检查是否有蜂窝、麻面、错台、模板走样、露筋等问题。

《水利水电工程管理与实务》
考前冲刺试卷（三）及解析

学习遇到问题？
扫码在线答疑

《水利水电工程管理与实务》考前冲刺试卷（三）

一、单项选择题（共20题，每题1分。每题的备选项中，只有1个最符合题意）

1. 下列描述边坡变形破坏的现象中，松弛张裂是（　　）。
   A. 土体发生长期缓慢的塑性变形
   B. 岩体发生向临空面方向的回弹变形及产生近平行于边坡的拉张裂隙
   C. 土体沿贯通的剪切破坏面发生滑动破坏
   D. 岩体突然脱离母体崩裂

2. 水库在正常运用设计情况下允许达到的最高洪水位是（　　）。
   A. 校核洪水位　　　　　　　　B. 防洪高水位
   C. 设计洪水位　　　　　　　　D. 防洪限制水位

3. 闸墩混凝土保护层最小厚度为（　　）mm。
   A. 20　　　　　　　　　　　　B. 25
   C. 30　　　　　　　　　　　　D. 35

4. 下列胶凝材料中，属于无机水硬性胶凝材料的是（　　）。
   A. 石灰　　　　　　　　　　　B. 沥青
   C. 水玻璃　　　　　　　　　　D. 水泥

5. 渗透系数 k 的计算公式为：$k=\dfrac{QL}{AH}$，式中 L 表示（　　）。
   A. 通过渗流的土样面积　　　　B. 通过渗流的土样高度
   C. 实测的水头损失　　　　　　D. 实验水压

6. 用冲击方法将碎石压入土中，形成土石结合的柱体，从而增加地基强度的地基处理方法是（　　）。
   A. 防渗墙　　　　　　　　　　B. 置换法
   C. 排水法　　　　　　　　　　D. 挤实法

7. 采用围井检查高喷墙的防渗性能时，围井检查宜在围井的高喷灌浆结束（　　）d后进行。
   A. 7　　　　　　　　　　　　 B. 14
   C. 28　　　　　　　　　　　　D. 56

8. 关于土石坝填筑作业的说法，正确的是（　　）。
   A. 辅料宜垂直于坝轴线进行，超径块料应打碎
   B. 按碾压测试确定的厚度辅料、整平
   C. 黏性土含水量较低，主要应在整平前加水
   D. 在新层铺料前，应用羊足碾对光面层进行刨毛处理

9. 型号为"QL□×□—□"的启闭机，其结构型式属于（　　）。
   A. 移动式　　　　　　　　　　　B. 卷扬式
   C. 螺杆式　　　　　　　　　　　D. 液压式

10. 根据《中华人民共和国水法》，在水工程保护范围内禁止从事的活动包括（　　）。
    A. 植树、爆破、打井、动土　　　B. 打井、取土、采石、植树
    C. 爆破、打井、采石、取土　　　D. 动土、倾倒废弃物、采石、植树

11. 根据《中华人民共和国水土保持法》，水土保持方案审批部门为（　　）以上人民政府水行政主管部门。
    A. 镇级　　　　　　　　　　　　B. 县级
    C. 地市级　　　　　　　　　　　D. 省级

12. 水利工程施工现场的消防通道宽度至少为（　　）m。
    A. 3.0　　　　　　　　　　　　B. 3.5
    C. 4.0　　　　　　　　　　　　D. 4.5

13. 下列施工现场的主要设备用电负荷中，属于一类用电负荷的是（　　）。
    A. 基坑降水　　　　　　　　　　B. 混凝土搅拌系统
    C. 钢筋加工厂　　　　　　　　　D. 机修系统

14. 根据《水闸安全鉴定管理办法》（水建管〔2008〕214号），运用指标达不到设计标准，工程存在严重损坏，经除险加固后，才能达到正常运行的水闸属于（　　）。
    A. 一类闸　　　　　　　　　　　B. 二类闸
    C. 三类闸　　　　　　　　　　　D. 四类闸

15. 根据《水利工程施工转包违法分包等违法行为认定查处管理暂行办法》（水建管〔2016〕420号），"工程分包的发包单位不是该工程的承包单位"的情形属于（　　）。
    A. 转包　　　　　　　　　　　　B. 违法分包
    C. 出借借用资质　　　　　　　　D. 其他违法行为

16. 水利工程建设项目管理实行（　　）管理。
    A. 分层、分级、综合　　　　　　B. 分级、分层、目标
    C. 统一、分层、目标　　　　　　D. 统一、分级、目标

17. 根据《水利建设项目稽察常见问题清单（2023年版）》（办监督〔2023〕19号），可能对主体工程施工进度或投资规模等产生较大影响的问题，其性质应认定为（　　）。
    A. 特别严重　　　　　　　　　　B. 较重
    C. 严重　　　　　　　　　　　　D. 一般

18. 下列关于水利工程质量事故处理原则的说法中，正确的是（　　）。
    A. 重大质量事故，由上级主管部门组织制定事故处理方案，并报省级水行政主管部门备案
    B. 特大质量事故，由项目法人组织提出事故处理方案，并报水利部备案

C. 一般质量事故，由项目法人组织制定事故处理方案，并报水行政主管部门备案

D. 较大质量事故，由上级主管部门组织制定处理方案，并报省级水行政主管部门备案

19. 根据《大中型水电工程建设风险管理规范》GB/T 50927—2013，水利水电工程建设风险分为（　　）类。

A. 五 B. 六
C. 七 D. 八

20. 绿色施工中，对工程弃渣堆体稳定性，宜（　　）监测1次。

A. 每月 B. 每季
C. 半年 D. 一年

二、多项选择题（共10题，每题2分。每题的备选项中，有2个或2个以上符合题意，至少有1个错项。错选，本题不得分；少选，所选的每个选项得0.5分）

21. 火成岩包括（　　）。

A. 花岗岩 B. 大理岩
C. 石英岩 D. 辉绿岩
E. 玄武岩

22. 软土地基具有的特点有（　　）。

A. 渗透性强 B. 孔隙率小
C. 承载能力差 D. 压缩性大
E. 触变性强

23. 下列土方填筑碾压类型中，属于静压碾压的有（　　）。

A. 羊足碾 B. 夯板
C. 振动碾 D. 强夯机
E. 气胎碾

24. 水闸下游连接段包括（　　）。

A. 铺盖 B. 消力池
C. 护坦 D. 岸墙
E. 海漫

25. 下列工作中，属于水泵机组辅助设备安装工作的有（　　）。

A. 油压装置安装 B. 空气压缩装置安装
C. 进水管道安装 D. 电气设备安装
E. 传动装置安装

26. 生产建设项目水土流失防治指标包括（　　）。

A. 土地侵蚀模数 B. 渣土防治率
C. 林草植被恢复率 D. 土壤流失控制比
E. 水土流失治理度

27. 下列作业类别中，属于特殊高处作业的有（　　）。

A. 雨天高处作业 B. 夜间高处作业
C. 雾霾高处作业 D. 高原高处作业
E. 抢救高处作业

28. 下列单项工程专项施工方案需要组织专家论证的有（　　）。

A. 开挖深度达到 3.6m 的基坑开挖工程
B. 围堰工程
C. 地下暗挖工程
D. 搭设高度达到 30m 的落地式钢管脚手架工程
E. 开挖深度为 16.5m 的人工挖孔桩工程

29. 根据《构建水利安全生产风险管控"六项机制"的实施意见》（水监督〔2022〕309号），属于"六项机制"的有（　　）。
A. 风险研判　　　　　　　　B. 风险预警
C. 风险查找　　　　　　　　D. 风险防范
E. 风险监控

30. 钻爆作业可采取的降低粉尘污染措施有（　　）。
A. 宜优先采用带捕尘装置的钻孔设备
B. 使用不具备捕尘装置的设备，应采用湿钻或孔口喷水雾的措施
C. 露天爆破作业宜采用松动爆破、喷水降尘等措施
D. 地下工程应采用洒水喷雾等措施
E. 干燥区域作业，应洒水降尘

三、实务操作和案例分析题（共5题，（一）、（二）、（三）题各20分，（四）、（五）题各30分）

（一）

背景资料：

某小型水库除险加固工程的主要建设内容包括：土坝坝体加高培厚、新建坝体防渗系统、左岸和右岸输水涵进口拆除重建。依据《水利水电工程标准施工招标文件》编制招标文件。发包人与承包人签订的施工合同约定：（1）合同工期为210d，在一个非汛期完成；（2）签约合同价为680万元；（3）工程预付款为签约合同价的10%，开工前一次性支付，按 $R = \dfrac{A}{(F_2 - F_1)S}(C - F_1 S)$（其中 $F_2 = 80\%$，$F_1 = 20\%$）扣回；（4）提交履约保证金，不扣留质量保证金。

当地汛期为6~9月，左岸和右岸输水涵在非汛期互为导流；土坝土方填筑按均衡施工安排，当其完成工程量达70%时开始实施土坝护坡；防渗系统应在2021年4月10日（含）前完成，混凝土防渗墙和坝基帷幕灌浆可搭接施工。承包人编制的施工进度计划如图1所示（每月按30d计）。

工程施工过程中发生如下事件：

事件1：工程实施到第3个月时，本工程的项目经理调动到企业任另职，此时承包人向监理人提交了更换项目经理的申请。拟新任本工程项目经理人选当时正在某河道整治工程任项目经理，因建设资金未落实导致该河道整治工程施工暂停已有135d，河道整治工程的建设单位同意项目经理调走。

事件2：由于发包人未按期提供施工图纸，导致混凝土防渗墙推迟10d开始，承包人按监理人的指示采取赶工措施保证按期完成。截至2021年2月份，累计已完成合同额442万元；3月份完成合同额87万元，混凝土防渗墙的赶工费用为5万元，且无工程变更及根据

项次	工程项目		持续时间(天)	开始时间	2020年		2021年				
					11	12	1	2	3	4	5
1	土坝	坝坡清理	45	2020年11月1日							
2		土方填筑	100	2020年11月21日							
3		护坡	60								
4	防渗系统	混凝土防渗墙	110	2020年12月1日							
5		坝基帷幕灌浆	90								
6	左岸输水涵	围堰填筑	10	2020年11月1日							
7		围堰拆除	10								
8		进口拆除	20	2020年11月21日							
9		进口施工	40	2020年12月1日							
10	右岸输水涵	围堰填筑	10	2021年1月21日							
11		围堰拆除	10	2021年4月1日							
12		进口拆除	20	2021年2月1日							
13		进口施工	40								
14	收尾工作		30	2021年4月11日							

图 1 水库除险加固工程施工进度计划

合同应增加或减少金额。承包人按合同约定向监理人提交了 2021 年 3 月份的进度付款申请单及相应的支持性证明。

问题：

1. 根据背景资料，分别指出图 1 中土坝护坡的开始时间、坝基帷幕灌浆的最迟开始时间、左岸输水涵围堰拆除的结束时间、右岸输水涵进水口施工的开始时间。
2. 指出并改正事件 1 中承包人更换项目经理做法的不妥之处。
3. 根据《注册建造师执业管理办法（试行）》（建市〔2008〕48 号），事件 1 中拟新任本工程项目经理的人选是否违反建造师执业的相关规定？说明理由。
4. 计算事件 2 中 2021 年 3 月份的工程预付款的扣回金额；除没有产生费用的内容外，承包人提交的 2021 年 3 月份进度付款申请单内容还有哪些？相应的金额分别为多少万元？（计算结果保留小数点后 1 位）

（二）

背景资料：

某引调水工程，输水线路长 15km，工程建设内容包括渠道、泵站、节制闸、倒虹吸等，设计年引调水量 $1.2×10^8 m^3$，施工工期 3 年。工程施工过程中发生如下事件：

事件 1：监理机构组织项目法人、设计和施工等单位对工程进行项目划分，确定了主要分部工程、重要隐蔽单元工程等内容。项目法人在主体工程开工后一周内将项目划分表及说明书面报工程质量监督机构确认。

事件 2：施工单位根据《大中型水电工程建设风险管理规范》GB/T 50927—2013，将本工程可能存在的项目风险，按照风险大小及影响程度并结合处置原则制定了相应的处置方法，具体包括风险利用、风险缓解、风险规避、风险自留和风险转移等，项目风险与处置方法对应关系详见表 1。

表 1 项目风险与处置方法对应关系表

序号	项目风险	处置方法
1	损失大、概率大的灾难性风险	A
2	损失小、概率大的风险	B
3	损失大、概率小的风险	C
4	损失小、概率小的风险	D
5	有利于工程项目目标的风险	风险利用

事件 3：施工单位在施工现场设置的安全标志牌有：①必须戴安全帽；②禁止跨越；③当心坠落等。

事件 4：倒虹吸顶板混凝土施工时，模板支撑系统失稳倒塌，造成 9 人重伤、3 人轻伤的生产安全事故。施工单位第一时间通过电话向当地政府相关部门快报了事故情况，内容包括施工单位名称、单位地址、法定代表人姓名和手机号，重伤、轻伤、失踪和失联人数等。

问题：

1. 根据《水利水电工程等级划分及洪水标准》SL 252—2017，判定该引调水工程的工程等别和主要建筑物级别。
2. 根据《水利水电工程施工质量检验与评定规程》SL 176—2007，指出事件 1 中项目划分的不妥之处，并写出正确做法。工程项目划分除确定主要分部工程、重要隐蔽单元工程外，还应确定哪些内容？
3. 根据事件 2，指出表 1 中字母 A、B、C、D 分别代表的风险处置方法。
4. 分别指出事件 3 中①、②、③三个标志牌对应的安全标志类型。
5. 根据《水利部生产安全事故应急预案》（水监督〔2021〕391 号），判定事件 4 中的生产安全事故等级。除所列内容外，快报内容还应包括哪些？

（三）

背景资料：

某水利工程合同工期为 325d。合同约定 2021 年 11 月 1 日开工，汛期为 6~9 月，要求第二年汛前完成坝体Ⅰ填筑。经监理单位批准的施工进度计划如图 2 所示。每月按 30d 计。

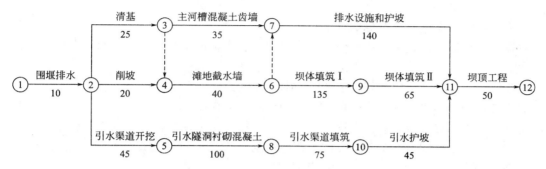

图 2　经监理单位批准的施工进度计划（单位：d）

工程施工过程中发生如下事件：

事件 1：工程开工前，施工单位按要求向监理单位提交了开工报审表和质量保证措施文件，开工报审表中包括材料设备、施工人员等施工组织措施的落实情况，质量保证措施文件包括质量检查机构的组织和岗位责任等，工程如期开工。

事件 2：坝体填筑Ⅱ需要土方量 60 万 m^3。坝体填筑Ⅱ填筑前监理单位认为原来料场地砂石料不合格，要求施工单位更换料场地，运距增加 0.5km，由此导致每天填筑工作量由 10000m^3/d 降低到 8000m^3/d。填筑费用由 26 元/m^3 增加到 28 元/m^3。施工单位按变更估价原则提出了工期和费用的索赔。

事件 3：水工隧洞混凝土衬砌合同工程量 62720m^3，施工图纸上工程量 62000m^3，不可预见超填工作量 600m^3，每立方米混凝土 600 元，延误工期 10d。

问题：

1. 指出进度计划中的关键线路（节点表示），坝体Ⅰ填筑节点是否满足安全度汛要求？说明理由。
2. 补充事件 1 中开工报审表和质量保证措施文件的内容。
3. 事件 2 中，施工单位可以索赔的工期和费用分别是多少？说明理由。补充变更估价书的内容。
4. 计算水工隧洞混凝土衬砌工程最终结算的工程量及增加费用，并计算实际总工期。

(四)

背景资料：

某大型引调水工程施工标投标最高限价3亿元，主要工程内容包括水闸、渠道及管理设施等。招标文件按照《水利水电工程标准施工招标文件》（2009年版）编制。建设管理过程中发生如下事件。

事件1：招标文件有关投标保证金的条款如下。

条款1：投标保证金可以银行保函方式提交，以现金或支票方式提交的，必须从其基本账户转出。

条款2：投标保证金应在开标前3d向招标人提交。

条款3：联合体投标的，投标保证金必须由牵头人提交。

条款4：投标保证金有效期从递交投标文件开始，延续到投标有效期满后30d止。

条款5：签订合同后5个工作日内，招标人向未中标的投标人退还投标保证金和利息，中标人的投标保证金和利息在扣除招标代理费后退还。

事件2：某投标人编制的投标文件中，柴油预算价格计算表详见表2。

表2　柴油预算价格计算表

序号	费用名称	计算公式	不含增值税价格（元/t）	备注
1	材料原价			含税价格6780元/t，增值税率为13%
2	运杂费			运距20km，运杂费标准10元/(t·km)
3	运输保险费			费率1.0%
4	采购及保管费			费率2.2%
预算价格（不含增值税）				

事件3：中标公示期间，第二中标候选人投诉第一中标候选人项目经理有在建工程（担任项目经理）。经核查该工程已竣工验收，但在当地建设行政主管部门监管平台中未销号。

事件4：招标阶段，初设批复的管理设施无法确定准确价格，发包人以暂列金额600万元方式在工程量清单中明标列出，并说明若总承包单位未中标，该部分适用分包管理。合同实施期间，发包人对管理设施公开招标，总承包单位参与投标，但未中标。随后发包人与中标人就管理设施签订合同。

事件5：承包人已按发包人要求提交履约保证金。合同支付条款中，工程质量保证金的相关规定如下。

条款1：工程建设期间，每月在工程进度支付款中按3%比例预留，总额不超过工程价款结算总额的3%。

条款2：工程质量保修期间，以现金、支票、汇票方式预留工程质量保证金的，预留总额为工程价款结算总额的5%；以银行保函方式预留工程质量保证金的，预留总额为工程价款结算总额的3%。

条款3：工程质量保证金担保期限从通过工程竣工验收之日起计算。

条款4：工程质量保修期限内，由于承包人原因造成的缺陷，处理费用超过工程质量保证金数额的，发包人还可以索赔。

条款5：工程质量保修期满时，发包人将在30个工作日内将工程质量保证金及利息退回给承包人。

问题：
1. 指出并改正事件1中不合理的投标保证金条款。
2. 根据事件2，绘制并完善柴油预算价格计算表（表3）。

表3 柴油预算价格计算表

序号	费用名称	计算公式	不含增值税价格(元/t)
1	材料原价		
2	运杂费		
3	运输保险费		
4	采购及保管费		
	预算价格(不含增值税)		

3. 事件3中，第二中标候选人的投诉程序是否妥当？调查结论是否影响中标结果？并分别说明理由。
4. 指出事件4中发包人做法的不妥之处，并说明理由。
5. 根据《建设工程质量保证金管理办法》（建质〔2017〕138号）和《水利水电工程标准施工招标文件》（2009年版），事件5工程质量保证金条款中，不合理的条款有哪些？说明理由。

（五）

背景资料：

某引调水枢纽工程，工程规模为中型，建设内容主要有泵站、节制闸、新筑堤防、上下游河道疏浚等，泵站地基设高压旋喷桩防渗墙，工程布置如图3所示。

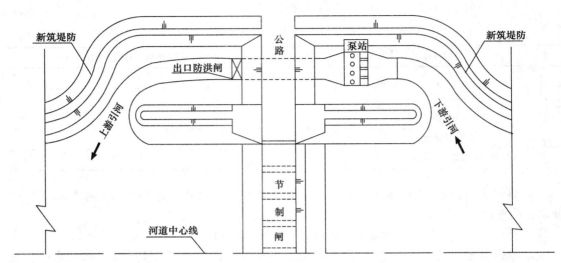

图3 工程布置示意图

施工中发生如下事件：

事件1：为做好泵站和节制闸基坑土方开挖工程量计量工作，施工单位编制了土方开挖工程测量方案，明确了开挖工程测量的内容和开挖工程量计算中面积计算的方法。

事件2：高压旋喷桩防渗墙施工方案中，高压旋喷桩的主要施工内容包括：①钻孔、②试喷、③喷射提升、④下喷射管、⑤成桩。为检验防渗墙的防渗效果，旋喷桩桩体水泥土凝固28d后，在防渗墙体中部选取一点进行钻孔注水试验。

事件3：关于施工质量评定工作的组织要求如下：分部工程质量由施工单位自评，监理单位复核，项目法人认定。分部工程验收质量结论由项目法人报工程质量监督机构核备，其中主要建筑物节制闸和泵站的分部工程验收质量结论由项目法人报工程质量监督机构核定。单位工程质量在施工单位自评合格后，由监理单位抽检，项目法人核定。单位工程验收质量结论报工程质量监督机构核备。

事件4：监理单位对部分单元（工序）工程质量复核情况详见表4。

表4 部分单元（工序）工程质量复核情况

单元工程代码	单元工程类别	单元(工序)工程质量复核情况
A	堤防填筑	土料摊铺工序符合优良质量标准。土料压实工序中主控项目检验点100%合格，一般项目逐项合格率为87%~89%，且不合格点不集中
B	河道疏浚	主控项目检验点100%合格，一般项目逐项合格率为70%~80%，且不合格点不集中

事件 5：闸门制造过程中，监理工程师对闸门制造使用的钢材、防腐涂料、止水等材料的质量保证书进行了查验。启闭机出厂前，监理工程师组织有关单位进行启闭机整体组装检查和厂内有关试验。当闸门和启闭机现场安装完成后，进行联合试运行和相关试验。

问题：

1. 事件 1 中，基坑土方开挖工程测量包括哪些工作内容？开挖工程量计算中面积计算的方法有哪些？

2. 指出事件 2 中高压旋喷桩施工程序（以编号和箭头表示）；指出并改正该事件中防渗墙注水试验做法的不妥之处。

3. 指出事件 3 中分部工程质量评定的不妥之处，并说明理由。改正单位工程质量评定错误之处。

4. 根据事件 4，指出单元工程 A 中土料压实工序的质量等级，并说明理由；分别指出单元工程 A、B 的质量等级，并说明理由。

5. 事件 5 中，闸门制造使用的材料中还有哪些需要提供质量保证书？启闭机出厂前应进行什么试验？闸门和启闭机联合试运行应进行哪些试验？

考前冲刺试卷（三）参考答案及解析

一、单项选择题

1. B；	2. C；	3. C；	4. D；	5. B；
6. D；	7. A；	8. B；	9. C；	10. C；
11. B；	12. B；	13. A；	14. C；	15. C；
16. D；	17. C；	18. B；	19. A；	20. A。

【解析】

1. B。本题考核的是松弛张裂的特征。松弛张裂是指由于临谷部位的岩体被冲刷侵蚀或人工开挖，使边坡岩体失去约束，应力重新调整分布，从而使岸坡岩体发生向临空面方向的回弹变形及产生近平行于边坡的拉张裂隙，一般称为边坡卸荷裂隙。蠕变是指边坡岩（土）体主要在重力作用下向临空方向发生长期缓慢的塑性变形的现象。崩塌是指较陡边坡上的岩（土）体在重力作用下突然脱离母体崩落、滚动堆积于坡脚的地质现象。滑坡是指边坡岩（土）体主要在重力作用下沿贯通的剪切破坏面发生滑动破坏的现象。

2. C。本题考核的是水库特征水位。校核洪水位是水库在非常运用校核情况下允许临时达到的最高洪水位，是确定大坝顶高程及进行大坝安全校核的主要依据。防洪高水位指水库遇下游保护对象的设计洪水时，在坝前达到的最高水位。设计洪水位是水库在正常运用设计情况下允许达到的最高洪水位，也是挡水建筑物稳定计算的主要依据。防洪限制水位（汛前限制水位）指水库在汛期允许兴利的上限水位，也是水库汛期防洪运用时的起调水位。

3. C。本题考核的是混凝土保护层最小厚度。混凝土保护层最小厚度详见表5：

表5 混凝土保护层最小厚度（单位：mm）

项次	构件类别	环境类别				
		一	二	三	四	五
1	板、墙	20	25	30	45	50
2	梁、柱、墩	30	35	45	55	60
3	截面厚度不小于2.5m的底板及墩墙	—	40	50	60	65

4. D。本题考核的是胶凝材料的分类。无机水硬性胶凝材料分为气硬性和水硬性两类。气硬性凝胶材料有石灰、石膏和水玻璃；水硬性凝胶材料有水泥。

5. B。本题考核的是渗透系数的计算。渗透系数是反映土的渗流特性的一个综合指标。渗透系数的大小主要取决于土的颗粒形状、大小、不均匀系数及水温，一般采用经验法、室内测定法、野外测定法确定。渗透系数计算公式中的 Q 表示实测的流量（m³/s），A 表示通过渗流的土样横断面面积（m²），L 表示通过渗流的土样高度（m），H 表示实测的水头损失（m）。

6. D。本题考核的是地基处理的基本方法。防渗墙是使用专用机具钻凿圆孔或直接开挖槽孔,以泥浆固壁,孔内浇灌混凝土或其他防渗材料等,或安装预制混凝土构件,而形成连续的地下墙体。也可用板桩、灌注桩、旋喷桩或定喷桩等各类桩体连续形成防渗墙。置换法是将建筑物基础底面以下一定范围内的软弱土层挖去,换填无侵蚀性及低压缩性的散粒材料,从而加速软土固结的一种方法。排水法是采取相应措施如砂垫层、排水井、塑料多孔排水板等,使软基表层或内部形成水平或垂直排水通道,然后在土壤自重或外压荷载作用下,加速土壤中水分的排除,使土壤固结的一种方法。挤实法是将某些填料如砂、碎石或生石灰等用冲击、振动或两者兼而有之的方法压入土中,形成一个个的柱体,将原土层挤实,从而增加地基强度的一种方法。

7. A。本题考核的是高压喷射灌浆的质量检查。围井检查宜在围井的高喷灌浆结束 7d 后进行,如需开挖或取样,宜在 14d 后进行;钻孔检查宜在该部位高喷灌浆结束后 28d 后结束。

8. B。本题考核的是土石坝填筑的施工方法。选项 A 错误,铺料宜平行坝轴线进行,铺土厚度要匀,超径不合格的料块应打碎,杂物应剔除。按设计厚度铺料整平是保证压实质量的关键。选项 C 错误,当含水量偏低时,对于黏性土料应考虑在料场加水。料场加水的有效方法是分块筑畦埂,灌水浸渍,轮换取土。选项 D 错误,对于汽车上坝或光面压实机具压实的土层,应刨毛处理,以利于层间结合。通常刨毛深度为 3~5cm,可用推土机改装的刨毛机刨毛,工效高、质量好。

9. C。本题考核的是启闭机的分类。螺杆式启闭机型号的表示方法如图 4 所示。

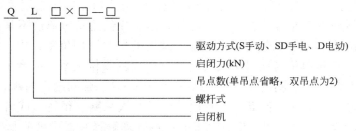

图 4 启闭机型号的表示方法

10. C。本题考核的是禁止性规定和限制性规定。《中华人民共和国水法》规定,国家对水工程实施保护。国家所有的水工程应当按照国务院的规定划定工程管理和保护范围。在水工程保护范围内,禁止从事影响水工程运行和危害水工程安全的爆破、打井、采石、取土等活动。水工程是指在江河、湖泊和地下水源上开发、利用、控制、调配和保护水资源的各类工程。

11. B。本题考核的是水土保持方案的审批部门。《中华人民共和国水土保持法》规定,在山区、丘陵区、风沙区以及水土保持规划确定的容易发生水土流失的其他区域开办可能造成水土流失的生产建设项目,生产建设单位应当编制水土保持方案,报县级以上人民政府水行政主管部门审批,并按照经批准的水土保持方案,采取水土流失预防和治理措施。没有能力编制水土保持方案的,应当委托具备相应技术条件的机构编制。

12. B。本题考核的是施工现场消防技术要求。根据施工生产防火安全的需要,合理布置消防通道和各种防火标志,消防通道应保持通畅,宽度不得小于3.5m;闪点在45℃以下的桶装、罐装易燃液体不得露天存放,存放处应有防护栅栏,通风良好;施工生产作业区与建筑物之间的防火安全距离。

13．A。本题考核的是一类施工电荷的内容。水利水电工程施工现场一类负荷主要有井、洞内的照明、排水、通风和基坑内的排水、汛期的防洪、泄洪设施以及医院的手术室、急诊室、重要的通信站以及其他因停电即可能造成人身伤亡或设备事故引起国家财产严重损失的重要负荷。除隧洞、竖井以外的土石方开挖施工，混凝土浇筑施工，混凝土搅拌系统，制冷系统，供水系统，供风系统，混凝土预制构件厂等主要设备属二类负荷。木材加工厂、钢筋加工厂的主要设备属三类负荷。

14．C。本题考核的是水闸安全类别。根据《水闸安全鉴定管理办法》（水建管〔2008〕214号），水闸安全类别划分为四类，详见表6：

表6 水闸安全类别

分类	能否达到设计标准	问题	处理	运行状态
一类闸	能达到	无影响正常运行的缺陷	按常规维修养护	正常运行
二类闸	基本达到	存在一定损坏	大修	正常运行
三类闸	达不到	存在严重损坏	除险加固	正常运行
四类闸	无法达到	存在严重安全问题	—	降低标准运用或报废重建

15．C。本题考核的是认定为出借借用资质的情形。具有下列情形之一的，认定为出借或借用他人资质承揽工程：（1）单位或个人借用其他单位的资质承揽工程的。（2）投标人法定代表人的授权代表人不是投标单位人员的。（3）实际施工单位使用承包单位资质中标后，以承包单位分公司、项目部等名义组织实施，但两公司无实质隶属关系的。（4）工程分包的发包单位不是该工程的承包单位，或劳务作业分包的发包单位不是该工程的承包单位或工程分包单位的。（5）承包单位派驻施工现场的主要管理负责人中，部分人员不是本单位人员的。（6）承包单位与项目法人之间没有工程款收付关系，或者工程款支付凭证上载明的单位与施工合同中载明的承包单位不一致的。（7）合同约定由承包单位负责采购、租赁的主要建筑材料、工程设备等，由其他单位或个人采购、租赁，或者承包单位不能提供有关采购、租赁合同及发票等证明，又不能进行合理解释并提供证明材料的。（8）法律法规规定的其他出借借用资质行为。

16．D。本题考核的是水利工程建设项目管理。根据《水利工程建设项目管理规定（试行）》（2016年修正），水利工程建设项目管理实行统一管理、分级管理和目标管理。实行水利部、流域机构和地方水行政主管部门以及项目法人分级、分层次管理的管理体系。

17．C。本题考核的是水利建设项目稽察发现问题的认定。问题性质可分为"严重""较重"和"一般"三个类别。首先排除选项A。可能对主体工程的质量、安全、进度或投资规模等产生较大影响的问题认定为"严重"，产生较小影响的认定为"较重"或"一般"。

18．B。本题考核的是质量事故处理原则。一般质量事故，由项目法人负责组织有关单位制定处理方案并实施，报上级主管部门备案，故选项C错误。较大质量事故，由项目法人负责组织有关单位制定处理方案，经上级主管部门审定后实施，报省级水行政主管部门或流域备案，故选项D错误。重大质量事故，由项目法人负责组织有关单位提出处理方案，征得事故调查组意见后，报省级水行政主管部门或流域机构审定后实施，故选项A错误。特大质量事故，由项目法人负责组织有关单位提出处理方案，征得事故调查组意见后，报省级水行政主管部门或流域机构审定后实施，并报水利部备案，故选项 B 正确。

19．A。本题考核的是水利水电工程建设项目风险分类。根据《大中型水电工程建设风险管理规范》GB/T 50927—2013，水利水电工程建设风险分为以下 5 类：（1）人员伤亡风险；（2）经济损失风险；（3）工期延误风险；（4）环境影响风险；（5）社会影响风险。

20．A。本题考核的是施工现场环境监测。固体废弃物监测项目、监测对象、监测点布置、监测参数和监测时机详见表 7：

表 7　固体废弃物监测项目、监测对象、监测点布置、监测参数和监测时机

监测项目	监测对象	监测点布置	监测参数	监测时机
工程弃渣、固体废物	弃渣场、固体废弃物堆存地	集中堆放区	渣堆稳定性、对水环境影响	工程弃渣堆放每月 1 次，雨季每周 1 次，固体废弃物露天堆放处每月 1 次，雨季每月 2 次
生活垃圾、办公垃圾	垃圾暂存场	堆放处	粒度、生物可降解度	露天堆放处每月 1 次，雨季每月 2 次

二、多项选择题

21．A、D、E；　　　　22．C、D、E；　　　　23．A、E；
24．B、C、E；　　　　25．A、B；　　　　　　26．B、C、D、E；
27．B、E；　　　　　　28．C、E；　　　　　　29．A、B、C、D；
30．A、B、C、D。

【解析】

21．A、D、E。本题考核的是火成岩。火成岩主要包括花岗岩、闪长岩、辉长岩、辉绿岩、玄武岩等。选项 B、C 属于变质岩。变质岩还包括片麻岩，水成岩包括石灰岩、砂岩。

22．C、D、E。本题考核的是软土地基的特点。软土地基有孔隙率大、压缩性大、含水量大、渗透系数小、水分不易排出、承载能力差、沉陷大、触变性强等特点，在外界的影响下易变形。砂砾石地基的空隙大、孔隙率高、渗透性强。

23．A、E。本题考核的是土方填筑压实机械。压实机械分为静压碾压、振动碾压、夯击三种基本类型。其中静压碾压设备有羊足碾（在压实过程中，对表层土有翻松作用，无需刨毛就可以保证土料良好的层间结合）、气胎碾等；夯击设备有夯板、强夯机等。

24．B、C、E。本题考核的是水闸下游连接段的组成。下游连接段用以消除过闸水流的剩余能量，引导出闸水流均匀扩散，调整流速分布和减缓流速，防止水流出闸后对下游的冲刷。一般包括消力池、护坦、海漫、下游防冲槽以及下游翼墙和两岸的护坡等。上游连接段一般包括上游翼墙、护底、铺盖、上游防冲槽和两岸的护坡等。闸室段结构包括闸门、闸墩［中墩、边墩（暗墩、岸墙）］、底板、胸墙、工作桥、交通桥、启闭机等。

25．A、B。本题考核的是水泵机组辅助设备安装主要工作。水泵机组辅助设备安装主要工作分为：油压装置、空气压缩装置、供排水泵、真空破坏装置、辅助设备的管及管件安装。

26．B、C、D、E。本题考核的是生产建设项目水土流失防治指标。生产建设项目水土流失防治指标应包括水土流失治理度、土壤流失控制比、渣土防治率、表土保护率、林草植被恢复率、林草覆盖率等六项。

27. A、B、E。本题考核的是高空作业标准。高处作业的种类分为一般高处作业和特殊高处作业两种。其中特殊高处作业又分为以下几个类别：强风高处作业、异温高处作业、雪天高处作业、雨天高处作业、夜间高处作业、带电高处作业、悬空高处作业、抢救高处作业。一般高处作业系指特殊高处作业以外的高处作业。

28. C、E。本题考核的是专项施工方案的论证。超过一定规模的危险性较大的单项工程专项施工方案应由施工单位组织召开审查论证会。选项 A 错误，开挖深度超过 5m（含5m）的基坑（槽）的土方开挖、支护、降水工程应组织专家论证。选项 B 属于达到一定规模的危险性较大的单项工程。选项 D 错误，搭设高度 50m 及以上落地式钢管脚手架工程应组织专家论证。

29. A、B、C、D。本题考核的是水利工程建设项目风险管理和安全事故应急管理。根据《水利部关于印发构建水利安全生产风险管控"六项机制"的实施意见的通知》（水监督〔2022〕30 号），构建水利安全生产风险查找、研判、预警、防范、处置和责任等风险管控"六项机制"。

30. A、B、C、D。本题考核的是钻爆作业可采取的降低粉尘污染措施。钻爆作业可采取的降低粉尘污染措施有：宜优先采用带捕尘装置的钻孔设备。使用不具备捕尘装置的设备，应采用湿钻或孔口喷水雾的措施；露天爆破作业宜采用松动爆破、喷水降尘等措施；地下工程应采用洒水喷雾等措施。

三、实务操作和案例分析题

（一）

1. 对各工程项目开始时间、结束时间的判断如下：
（1）土坝护坡的开始时间：2021 年 2 月 1 日。
（2）坝基帷幕灌浆的最迟开始时间：2021 年 1 月 11 日。
（3）左岸输水涵围堰拆除的结束时间：2021 年 1 月 20 日。
（4）右岸输水涵进水口施工的开始时间：2021 年 2 月 21 日。

2. 承包人更换项目经理做法的不妥之处：本工程的项目经理调动到企业任另职，此时承包人仅向监理人提交了更换项目经理的申请。

改正：承包人更换项目经理应事先征得发包人同意，并应在更换项目经理 14d 前通知发包人和监理人。

3. 事件 1 中拟新任本工程项目经理的人选不违反建造师执业相关要求。

理由：根据《注册建造师执业管理办法（试行）》（建市〔2008〕48 号）第九条，注册建造师不得同时担任两个及以上建设工程施工项目负责人。因非承包方原因致使工程项目停工超过 120d（含），经建设单位同意的除外。

本题是由于建设资金未落实导致的暂停，属于建设单位的原因导致的暂停施工，已有 135d 超过了 120d，并且已经征得了该工程建设单位的同意，故满足规定要求。

4. 关于预付款的计算如下：
（1）预付款总额 $A = 680 \times 10\% = 68.0$ 万元。
（2）根据预付款扣回公式可知截至 2021 年 2 月底累计已扣回的合同金额；截至 2021 年 2 月底累计已扣回的合同金额；$R_2 = 68.0 \times (442 - 20\% \times 680)/(80\% \times 680 - 20\% \times 680) = 51.0$

万元。

（3）截至2021年3月底累计应扣回的合同金额：$R_3 = 68.0 \times (442+87-20\% \times 680)/(80\% \times 680 - 20\% \times 680) = 65.5$ 万元；因为65.5万元<68万元，所以3月份的工程预付款扣回金额为：$65.5 - 51.0 = 14.5$ 万元。

承包人提交的2021年3月份进度付款中清单内容还包括：截至本次付款周期末已实施工程的价款、索赔金额、扣减的返还预付款。

截至本次付款周期末已实施工程的价款 $442+87=529$ 万元；索赔金额为5.0万元；扣减的返还预付款14.5万元。

（二）

1. 该引调水工程的等别为Ⅲ等；主要建筑物级别为3级。
2. 事件1中项目划分的不妥之处及正确做法如下。

不妥之处1：监理机构组织项目法人、设计和施工等单位对工程进行项目划分。

正确做法：项目法人组织监理、设计及施工等单位对工程进行项目划分。

不妥之处2：项目法人在主体工程开工后一周内将项目划分表及说明书面报工程质量监督机构确认。

正确做法：项目法人在主体工程开工前将项目划分表及说明书面报工程质量监督机构确认。

工程项目划分还应确定的内容：主要单位工程、关键部位单元工程。

3. 表1中字母分别代表的风险处置方法：A：风险规避；B：风险缓解；C：风险转移；D：风险自留。

4. 事件3中①、②、③三个标志牌对应的安全标志类型：

必须戴安全帽（或①）——指令标志。

禁止跨越（或②）——禁止标志。

当心坠落（或③）——警告标志。

5. 造成9人重伤、3人轻伤的生产安全事故等级为一般事故。

除所列内容外，快报内容还应包括：发生时间、具体地点、损失情况。

（三）

1. 进度计划中的关键线路：①→②→③→④→⑥→⑨→⑪→⑫；①→②→⑤→⑧→⑩→⑪→⑫。

坝体Ⅰ填筑节点能满足安全度汛要求。

理由：坝体Ⅰ填筑210d（10+25+40+135）结束，结束日期为5月30日，汛期6~9月，因此能满足安全度汛要求。

2. 开工报审表还包括施工道路、临时设施的落实情况及工程进度安排。质量保证措施文件还包括质量检查人员的组成、质量检查程序和实施细则。

3. 施工单位可以索赔的工期是10d，费用为120万元。

理由：坝体填筑Ⅱ为关键工作，计划持续时间为65d，变更后的料场需要 $600000/8000 = 75d$，工期延误 $75-65=10d$，所以可以索赔工期10d。坝体填筑Ⅱ需要土方量为60万 m^3，变更前价格26元/m^3，变更后的价格增加到28元/m^3，所以可以索赔的金额为 $(28-26) \times$

60=120万元。

变更报价书报价的内容应根据约定的估价原则，详细开列变更工作的价格组成及其依据，并附必要的施工方法说明和有关图纸。

4. 不可预见地质原因引起的超挖超填，按每立方米为单位另行支付。所以混凝土衬砌结算工程量为 62000+600=62600m³。增加的费用为：600×600=360000 元。

实际总工期为 325+10=335d。

（四）

1. 事件1中的不合理投标保证金条款及改正如下：

（1）条款2不合理。

改正：投标保证金应在开标前随投标文件向招标人提交。

（2）条款4不合理。

改正：投标保证金有效期从递交投标文件开始，延续到投标有效期满。

（3）条款5不合理。

改正：签订合同后5个工作日内，招标人向未中标人和中标人退还投标保证金和利息。

2. 柴油预算价格计算详见表8。

表8 柴油预算价格计算表

序号	费用名称	计算公式	不含增值税价格（元/t）
1	材料原价	含税价格/(1+增值税率)	6780/(1+13%)=6000.00
2	运杂费	运距×运杂费标准	20×10=200.00
3	运输保险费	材料原价×运输保险费率	6000.00×1.0%=60.00
4	采购及保管费	（材料原价+运杂费）×采购及保管费率	（6000.00+200.00）×2.2%=136.40
预算价格（不含增值税）		材料原价+运杂费+运输保险费+采购及保管费	6000.00+200.00+60.00+136.40=6396.40

3. 事件3中的投诉程序不妥。

理由：应先提出异议，不满意再投诉。

事件3中的调查结论不影响中标结果。

理由：该项目经理所负责工程已经竣工验收。

4. 事件4中发包人做法的不妥之处及理由如下：

不妥之处一：将管理设施列为暂列金额项目。

理由：管理设施已经初设批复，属于确定实施项目，只是价格无法确定，应当列为暂估价项目。

不妥之处二：发包人与管理设施中标人签订合同。

理由：总承包人没有中标管理设施时，暂估价项目应当由总承包人与管理设施中标人签订合同。

5. 事件5中工程质量保证金条款中的不合理条款及理由如下：

（1）条款1不合理。

理由：工程建设期间，承包人已提交履约保证金的，每月工程进度支付款不再预留工程质量保证金。

（2）条款2不合理。

理由：以现金、支票、汇票方式预留工程质量保证金的，预留总额亦不应超过工程价款结算总额的3%。

（3）条款3不合理。

理由：工程质量保证金担保期限从通过合同工程完工验收之日起计算。

（五）

1. 基坑土方开挖工程测量的工作内容包括：

（1）开挖区原始地形图和原始断面图测量。

（2）开挖轮廓点放样。

（3）开挖过程中，测量收方断面图或地形图。

（4）开挖竣工地形、断面测量和工程量测量。

开挖工程量面积计算的方法可采用解析法或图解法（求积仪）。

2. 高压旋喷桩施工程序：①→②→④→③→⑤。

在防渗墙体中部选取一点钻孔进行注水试验不妥。应在旋喷桩防渗墙水泥凝固前，在指定位置贴接加厚单元墙，待凝固28d后，在防渗墙和加厚单元墙中间钻孔进行注水试验，试验点数不少于3点。

3. 事件3中分部工程评定的不妥之处：主要建筑物节制闸和泵站的分部工程验收质量结论由项目法人报工程质量监督机构核定不妥。

理由：本枢纽工程为中型枢纽工程，应报工程质量监督机构核备。大型枢纽工程主要建筑物的分部工程验收质量结论由项目法人报工程质量监督机构核定。

改正：单位工程质量在施工单位自评合格后，由监理单位复核，项目法人认定。单位工程验收的质量结论由工程质量监督机构核定。

4. 土料压实工序质量等级为合格，因为一般项目合格率<90%。

A单元工程质量等级为合格，因为该单元工程的一般项目逐项合格率87%~89%（大于70%，而小于90%）、主要工序（或涂料压实工序）合格，未达到优良等级标准。

B单元工程质量等级为不合格，因为该单元工程为河道疏浚工程，逐项应有90%及以上检验点合格。

5. 闸门制造使用的焊材、标准件和非标准件需要质量保证书。

启闭机出厂前应进行空载模拟试验（或额定荷载试验）。

闸门和启闭机联合试运行应进行电气设备试验、无载荷试验（或无水启闭试验）和载荷试验（或动水启闭试验）。